트윙폼의
돈이 들어오는
살림습관

트윙폼의
# 돈이 들어오는 살림습관

**초판 1쇄 발행**    2023년 12월 30일

**지은이**        문정임(트윙폼)
**편집인**        옥기종
**발행인**        송현옥
**펴낸곳**        도서출판 더블:엔
**등 록**         2011년 3월 16일 제2011-000014호

**주 소**         서울시 강서구 마곡서1로 132, 301-901
**전 화**         070_4306_9802
**팩 스**         0505_137_7474
**이메일**        double_en@naver.com
**ISBN**         979-11-93653-03-6 (13590)

문정임 지음

더블:엔

# 트윙폼의 맛있는 살림을 소개합니다

살림은 저에게 특별한 의미가 있습니다. 살림은 나에게 무해하고 나를 배려하는 정성스러운 일이거든요. 남들과 다를 것 없는 평범한 살림이지만 나에게 살림은 맛있는 요리와도 같답니다.

많은 정성을 담아내는 요리처럼, 살림도 나만의 감성이라는 양념을 넣어 가족의 행복을 책임지는 일입니다. 살림은 나를 포함한 우리 가족 모두를 위한 희생과 사랑이 듬뿍 담긴 일이라는 것을 기억하면 좋겠습니다.

매일 하는 일상적인 일들 중 의미 없는 일은 하나도 없습니다. 어떤 일이든 매일 정성을 들여 하면 그만큼 티가 나거든요. 공간 곳

곳에 나의 행복한 에너지가 담기고, 가족과 주변사람들에게도 선한 영향력이 그대로 전해집니다. 내가 발산하는 해피바이러스를 많은 분들이 함께 느끼고 계신다는 것을 저는 '트윙폼'이라는 이름으로 SNS를 하면서 확실히 느꼈습니다.

평범해 보이지만 살림 또한 공부가 필요한 분야이고 시행착오를 통해 하나씩 배워가는 결과물들이 있음을 알게 됩니다. 고수가 하루아침에 되는 것이 아니듯 저 또한 많은 일을 겪으며 지금의 가벼운 살림을 만날 수 있었습니다. 가벼운 살림을 원하신다면 이것만 기억하면 됩니다. "그 해답은 나만이 찾을 수 있다"는 겁니다.

살림과 육아, 일을 병행하며 바쁘게 보내던 어느 날이었습니다. 반갑지 않은 손님이 찾아오고야 말았습니다. 오랜 시간 컴퓨터 작업과 사진 찍는 일을 하다보니 저도 엘보라는 직업병에 걸렸습니다. 의사선생님 말씀으로는 전업주부들이 의외로 엘보에 많이 걸린다고 하더라고요.

많은 살림디자이너 주부님들이 이런 불청객(엘보, 손목통증 등)을 만나지 않고 '건강한 시간을 버는 살림(가볍고 효율적인 살림)'을 하면 좋겠다는 생각을 했습니다. 이런 이유로 저의 '감성 살림 코칭 클래스' 강의가 시작되었습니다. 제가 지금까지 육아와 살림을 병행하며 다양한 SNS 활동뿐 아니라 자기계발 시간까지 가질 수 있었던 건 '시간을 버는 살림'을 통해 '돈을 버는 살림'을 했기 때문일 것입니다. 반복되는 살림을 효율적으로 가볍게 할 수 있는 나의 맛있는 살림 이야기를 살림디자이너 주부님들에게 용기 있게 전해주고 싶었습니다. '하기 싫은 살림'이 다닌 '내가 치유 받는 나만의 살림'을 하길 바라는 마음으르 말이지요. 누구나 가벼운 살림을 하며 자기를 돌보는 시간을 가질 수 있습니다.

제 강의를 들으신 많은 분들이 더 이상 다른 사람의 살림과 비교하지 않고 자신만의 살림을 하며 자존감을 찾는 모습을 보며 큰 보람을 느꼈습니다. 제 작은 에너지가 많은 분들께 도움이 된다는 것은 저에게도 아주 큰 즐거움입니다. 진심은 통하니까요!

예쁘고 간편한 여유로운 살림이 될 수 있도록 이 책이 도와줄 것입니다. 저의 에너지가 책으로도 꼭 전해질 거라 믿습니다.

많은 분들이 '불필요한 노동'을 줄이고 '시간과 돈을 버는 살림'으로 살림의 재미를 느꼈으면 좋겠습니다. 나를 치유하는 살림을 하며 나의 삶을 바꿔줄 여행길에 진심 가득 응원을 담아봅니다.

가정경영전문가 감성살림디자이너 트윙폼 ♡

# 차례

# 3장 시간을 버는 정리습관

## 6장 환경을 지키는 살림습관

# 〈살림이 힘든 이유〉 체크리스트

- ☐ 엄마가 처음이듯 살림도 처음이다.
- ☐ 몰라서 못한다.
- ☐ 내가 편한 방향성을 찾지 못했다.
- ☐ 살림의 재미를 느끼지 못하겠다.
- ☐ 계획성이 없다.
- ☐ 내가 감당할 수 없을 만큼의 살림들로 쌓여 있다. (선순환)
- ☐ 살림(물건)에 대한 욕심을 내려놓지 못하겠다.
- ☐ 비교로 인해 자존감을 상실했다.
- ☐ 하고자 하는 의욕이 없다.
- ☐ 살림을 해야 하는 이유를 찾지 못했다.

다양한 이유들이 있겠지만 대표적인
항목들을 뽑았습니다.
여러분은 몇 가지에 해당이 되나요?

**1~2개**  조금만 노력하면 **살림 고수~!!**

**3~6개**  살림이 **힘든 수준**

**7~10개**  살림이 너무 버겁고 **매우 힘든 수준**

이 책과 함께 살림 고수가 되어볼까요!

살림 좀 쉽게 하고 싶어 ?!
1장

살림은 결혼한 주부만 하는 게 아니다. 1인 가족, 딩크족 등 살림은 누구나 해야 하는 일이다. 주부경력이 오래되었다고 해서 살림이 쉬운 건 또 아니다. 여전히 많은 사람들이 살림을 힘들어하고 어려워한다. 같은 일을 해도 쉽게 하는 사람이 있고, 배로 어렵게 하는 사람이 있다. 쉽게 일하는 사람은 어떻게 쉽게 하는 것일까? 살림이 힘든 다양한 이유 중 대표적인 몇 가지를 정리해보았다.

## 살림이 힘든 이유

### 계획이 없다

공부든 일이든 계획을 하고 시작하는 것과 계획 없이 하는 것은 많은 차이가 난다. 살림도 계획에 맞춰서 하면 시간과 육체적 노동이 줄어든다. 살림은 계획적으로 해야 하는 전문성을 요하는 중요한 일이다. 살림이 '하기 싫은 숙제'가 되어서는 안 된다.

## 즐기지 못한다

어떤 일이든 마음먹기 나름이다. 어차피 피할 수 없다면 즐겨야 한다. 내가 하는 일을 특별하게 만드는 것도 하찮게 만드는 것도 모두 나 자신이다. 살림은 매일 반복되는 지겨운 일이 아닌 가족을 위해 내가 할 수 있는 최고의 가치 있는 일이다. 타고난 사람은 노력하는 사람을 이길 수 없고, 노력하는 사람은 즐기는 사람을 이길 수 없다.

## 욕심이 많다

사람은 자기가 보고 싶은 것만 보고 듣고 싶은 것만 듣기 마련이다. 상대방의 노력은 보지 못한 채 결과물만 보고 부러워한다. **내가 제일 많이 듣는 질문 중 하나는 "어떻게 그렇게 살림을 잘하세요?"이다.** 살림을 매일 반복적으로 하니까 늘고, 느니까 잘하게 된 것이다. 처음부터 잘했던 것은 아니다.

어떤 일이든 처음과 시작이 있다. 살림을 잘하게 된 건 타고난 능력이 아닌 내 노력의 결과물이다. 잘하고 싶은 욕심은 누구나 가지고 있다. 조금만 여유를 갖고 둘러보면 훨씬 자유로운 나를 만날 수 있다.

## 비교한다

나보다 잘하는 사람과 비교를 하면 할수록 자존감은 낮아진다. 내 살림은 다른 누가 아닌 내가 하는 것이니 나만의 살림을 하자. 비, 바람, 태풍, 폭염 등 자연재해를 견뎌내 열매를 맛볼 수 있듯, 한 집안의 살림 또한 마찬가지다. 많은 경험과 노하우 없이는 지혜로운 살림을 할 수 없다. 살림지식보다 더 중요한 건 마음살림이다.

## 무조건 따라한다

남을 따라가다 보면 내 방향을 잃을 수 있다. 내가 하고자 하는 살림의 방향에 맞춰야 한다. 남의 것을 참고는 하되, 무조건 따라하는 건 금물이다.

살림이 힘든 가장 큰 이유는 '마음살림'이 되어 있지 않기 때문이다. 지금과 다른 삶, 다른 방향으로 살고 싶다면 첫 걸음, 마음가짐부터 바꾸어야 한다. 나를 치유하는 가볍고 효율적인 살림을 위한 작은 기적, 마음살림을 만나보자.

# 2. 마음살림을 권합니다 ♡

모든 일의 첫걸음은 마음 미니멀부터 시작된다. 비우고, 비운 자리에 중요한 것을 채운다. 그렇게 나와 가족을 위한 마음살림에 대해 생각해보자.

## 비움

음식을 많이 먹어 살이 찌면 비만이 되듯, 욕심도 지나치면 마음의 비만이 생긴다. 마음 비만에 걸리지 않으려면 항상 중심을 잡고 마음 다이어트를 해야 한다.

지나친 욕심은 몸과 마음 모두를 병들게 할 뿐이다. 일어나지 않는 일을 걱정하면서 에너지를 낭비하는 일만큼 불필요한 게 없다. 필요 없는 걱정을 비우는 일, 마음의 집착과 욕심을 비우는 것은 나를 위한 저축이자 미래를 위한 현명한 투자다.

남의 손에 있을 때는 커 보였던 물건도 내 손에 들어오면 그 가치가 작게 느껴진다. 내 마음에 무언가를 70%만 채우려고 해보자. 30%는 비우는 것이다. 욕심을 비워내면 마음의 여유가 생긴다. 현명한 비움과 채움은 나를 알아가는 성장의 시간이다.

나는 '살림을 잘한다'를 소리는 많이 듣지만 그 외 다른 부분에 있어서는 빈틈이 많다. 물건도 남이 자주 챙겨주어야 하는 손 많이 가는 사람인데, 꼼꼼한 성격의 신랑 덕분에 잘살고 있다. 빈틈이 좀 있어야 채워주고 싶은 마음도 드는 것 아닐까? 서로 부족한 점을 채워주고 보완하며 사는 것이 인생이라고 생각한다.

모든 일의 첫 걸음은 마음 다이어트, 마음살림에서 시작된다.


## 채움

내가 단단해야 내 가족을 단단하게 만들 수 있고, 내가 행복해야 가족도 행복하다. 내 인생은 내가 주인인데 다른 사람을 부러워하며 사는 건 시간낭비다. 그 시간에 나를 더 사랑하며 칭찬하고 인정해주자. 못하는 것은 노력해서 보완하면 된다. 나는 내 모습 그대로 멋지고 충분히 예쁘다.

중요한 또 한 가지, 일상의 균형은 나를 먼저 사랑하면서 맞춰진
다. 남을 먼저 생각하며 나를 돌보지 못한다면 절대 행복해질 수
없다. 나를 사랑하는 습관은 높이고 가족은 조금 덜(?) 사랑하는
균형 맞추기를 잘해야 한다. 과하지 않게, 이기적이지 않은 적당한
마음의 균형은 나와 가족 모두를 행복하게 해줄 수 있다.

## 가족을 위한 마음살림

### 존중

가족 간의 신뢰와 배려, 존중은 필수항목이다. 누구나 타고난 기
질과 성격, 습관 등이 있으므로 그대로의 모습을 존중해주어야
한다. 나의 라이프 스타일을 가족에게 강요하지 말고, 각자 개인
스타일을 이해하고 배려하며 서로의 중간점을 맞춰가는 것이 현
명한 방법이다. 무조건 변화를 강요하는 것은 마음폭력이다. 부족
하면 부족한 대로 인정해주는 마음은 가족을 더욱 단단하게 만

들어준다. 상대가 변화하길 바란다면 나부터 바꿔보자. 서로 사랑하고 배려하는 마음으로 노력하는 과정이 중요하다. 잘하는 것보다 잘하려고 노력하고 소통하는 마음이 더 중요한 것이다.

## 함께하기

가족은 혼자가 아닌 함께의 힘으로 완성된다. 세상에 완벽한 사람이 없듯 완벽한 가족도 없다. 완벽하지 않기에 '함께' 서로의 부족함을 채워주고 아껴주며 살아가는 것이다.

부부 문제, 부모 자식 간 문제, 형제 자매 간 갈등 등 여러 문제들이 있을 수 있지만 문제는 문제로 볼 때만 문제이다. 문제가 아닌 서로가 맞춰가고 성장해가는 과정으로 생각하자. 서로 싸움을 해도 용서를 통해 성장하고, 그 소중함으로 더 단단해지는 것이 가족이다.

## 거리두기

가족이라는 공동체 속에서는 함께하지만 가족은 서로 각자 독립체라는 사실도 잊어서는 안 된다. 이는 모든 인간관계에서도 마찬가지다. 서로에게 의지는 될 수 있지만 서로가 의존해서는 안 된다. 누구도 상대의 인생을 대신 살아줄 수는 없다.

적당한 거리두기는 상대를 존중하는 마음과 믿음이 있을 때 가능하다. 모두가 행복해지기 위해 가족 간의 적당한 거리두기는 꼭 필요하다.

2장
돈이 들어오는 살림습관

# 1. 돈 버는 살림을 위한 현명한 집테크 ♡

돈을 버는데도 늘 돈이 없다면 먼저, 〈나의 소비습관〉에 대해 객관적으로 판단할 필요가 있다. 부자가 되고 싶다면 돈을 지키는 습관부터 들여야 한다. 뿌리가 튼튼한 나무가 잘 자라듯, 푼돈의 가치를 중요하게 생각해야 진정한 부자가 될 수 있다. 나의 첫 재테크 방법도 바로 '푼돈을 지키는' 것이었다. 작은 푼돈이 얼마나 큰 기적을 만드는지 나의 경험을 하나씩 풀어보려 한다.

# 〈나의 소비습관〉 체크리스트

- ☐ 가격이 싸면 잘 사는 편이다.

- ☐ 계획적이기 보다는 즉흥적으로 사는 편이다.

- ☐ 사고 싶은 물건은 무조건 사는 편이다.

- ☐ 중고마켓을 자주 이용한다.

- ☐ 세일이나 행사상품은 집에 있어도 구매한다.

- ☐ 현금보다는 계획적이지 않은 돈(카드)을 많이 사용한다.

- ☐ 물건에 대한 욕심이 많은 편이다.

- ☐ 최저가의 유혹에 잘 넘어간다.

- ☐ 쇼핑으로 기분전환을 한다.

- ☐ 푼돈의 가치를 생각하지 않는다.

다양한 이유들이 있겠지만
당신은 몇 가지에 해당이 되는지 체크해볼까요?

**1~2개**    노력이 조금 **필요한 단계**

**3~7개**    올바른 소비습관을 **배워야 하는 단계**

**8~10개**    소비습관이 **위험한 단계**

## 쇼핑은 잠깐의 위안일 뿐

무언가를 채워야 달래지는 마음은 쇼핑으로 해결되지 않는다. 진짜 원인을 찾아 해결하지 않으면 쇼핑은 잠시의 처방전일 뿐 다시 원상태로 돌아오는 악순환이 반복된다. 잠깐의 위안은 되겠지만 근본적인 치유가 될 수 없다. 실용적이고 활용성 있는 예쁜 물건이 아닌, 보기에만 예쁜 불필요한 쓰레기가 쌓일 확률이 높다.
진정한 쇼핑은 나에게 꼭 필요하고 쓸모가 있으며 금전의 가치가 아깝지 않은 물건이다. 계획을 세우고 쇼핑을 해도 실패할 때가 있는데 계획 없는 충동적인 기분전환 쇼핑은 말할 것도 없다. 벤자민 프랭클린도 "옷을 살 때는 환상을 쫓지 말고 지갑과 먼저 의논하라."고 했다.

## 종잣돈을 만들어주는 마법의 통장

요즘은 온라인 쇼핑을 즐겨하는 시대다. 손가락 클릭만으로 집까지 배송해주니 이보다 편할 수가 있을까? 하지만 온라인 구매의 단점도 많다. 핫딜, 세일상품, 최저가 할인 등의 유혹은 이성적인 판단을 흐리게 하고 충동적으로 구매하게 만든다.
나에게 "정말 충동구매를 하지 않느냐?"고 묻는 분들이 많다. 사실 계획 없는 지출, 충동구매는 습관이다. 나도 충동구매를 절제

하려고 노력한다. 충동구매의 유혹에서 벗어날 수 있는 나만의
꼼수방법을 소개해본다.

## 푼돈&노쇼핑 통장 활용하기
## (필요 없는 쇼핑사이트 탈퇴, 충동구매 절제)

쇼핑을 하려고 들어간 사이트에서 이것저것 가격비교도 하면서
(이성을 잃고) 장바구니에 물건들을 다 담아두게 되는 때가 있다.
이때 장바구니에 담긴 물건을 바로 구매한다면 충동구매다. 나는
이럴 때 바로 구매하지 않고 7~14일 정도 기간을 둔다. 이 물건들
을 꼭 사야 하는지 꼭 필요한지 깊이 고민한다.

시간이 지나 이성을 찾고 장바구니를 열면 이런 걸 왜 담았을까
싶은 물건들이 많다. 장바구니에서 필요 없는 물건을 지우고 바로
구매하지 않는다. 또 일주일 정도 시간을 두고 다시 장바구니를
보면 대부분 구매를 거의 하지 않을 때가 많고 간혹 한두 개 정도
구매하게 된다. 이런 작은 습관이 충동구매를 줄여준다.

그 중에 1~2개 물건 값을 마법통장에 넣어둔다. 통장에 돈이 늘어
날수록 나의 절제력은 더 상승된다. 물건을 사는 재미보다 돈을
모으는 재미가 더 커진다. 충동구매와 불필요한 소비를 줄여주는
나만의 푼돈 통장을 활용하여 종잣돈을 만들어보자.

오프라인 쇼핑도 통장에 있는 돈으로 활용한다. 온라인 쇼핑은
꼼수를 이용했지만 오프라인 쇼핑은 이런 꼼수를 이용하기가 힘
들다. 지갑에 쇼핑할 금액(노쇼핑 통장을 활용), 쇼핑하는 날을 정

해서 쇼핑을 한다.

오프라인 쇼핑의 큰 장점은 직접 보고 비교가 가능하다는 데 있다. 먼저, 쇼핑하려던 곳을 한 번 다 둘러보며 가격과 품질 등을 비교하기 시작한다. 옷의 재질이나 디자인은 비슷하지만 브랜드에 따라 가격이 차이가 많이 나기도 한다. 이렇게 쇼핑을 하면 생각보다 많은 금액을 아낄 수 있다.
오프라인 쇼핑의 장점 중 두 번째는 생각지도 못하게 구경하다 싸고 좋은 물건을 득템할 수 있다는 것이다. 구매하려던 물건은 아니지만 놓치기 아까운 물건까지 예산에 맞춰 구매할 수 있다. 하지만 맘에 들어 바로 사고 나면 다른 매장에 더 맘에 드는 것이 나타날 수도 있으니, 즉흥적인 구매는 금물이다.
좋은 쇼핑습관은, 쓰려고 했던 돈과 사려고 했던 물건만 사는 습관이다. 쇼핑습관도 노력에 의해 만들어질 수 있다.
온라인이든 오프라인이든 쇼핑을 하다 남은 금액은 모두 마법통장에 입금해둔다. 이 돈은 계획 없이 충동적으로 사용했다면 없어지는 돈이었다.

마법통장은 연말에 목돈이 된 통장 잔액을 정산해서 빚을 갚는다. 목돈이 생기면 투자를 해야 하지만 아직 우리집은 빚이 있기에 최대한 빚을 갚는 데 활용하고 있다. 때에 따라 큰돈 들어가는 생활용품을 할부 없이 바로 현금결제로 구매하기도 한다.

돈을 지키는 것만큼 중요한 일은 없어질 돈을 잡는 일이다. 돈을 지배하는 사람이 되고 싶다면 항상 든과 상의하는 일을 습관처럼 해야 한다.

## 욕심으로 채운 공간 행복하십니까?

처음 이사 올 땐 넓었던 집이 살면서 자꾸 작고 답답하게 느껴진 다면, 불필요한 물건으로 인해 집이 점령당하고 있는 것은 아닌지 생각해보자. 물건을 구매할 땐 공간의 활용에 대해서도 고민해야 한다. 물건에 뺏겨서 사용하지 못하는 그 공간만큼 우리는 더 큰 집을 원하는지도 모른다. 행복해지려고 좋아서 구매한 물건이 나 에게 스트레스를 주고 있을 수도 있다. 내가 좋아하는 물건을 채 우고는 왜 살림이 힘들다고만 할까?

7년 전 주방 모습

예전에 방송에서 안방에 물건이 하나씩 쌓이다 보니 안방에서 생활을 못하고 가족 모두가 거실생활을 하는 집을 보았다. 하나씩 물건이 늘어가다 보니 공간의 제 역할을 잃어버리고 만 것이다.

이게 꼭 남의 집 이야기일까? 행복하려고 채운 공간을 활용 못하는 공간으로 내버려두지 않아야 한다.

나도 욕심으로 공간을 채운 물건이 애물단지가 된 적이 있다.

첫 번째는 아이들 어릴 때였는데, 거실에 테이블을 너무 놓고 싶었다. 그때 마침 좋은 기회로 체험단에 당첨되었다. 하지만 아이들이 어리고 거실이 작아 실용성도 없고 가족 모두에게 불편했다. 그후 필요한 분에게 나눔을 했는데 그 분은 아이들 거실 책상으로 너무너무 잘 쓰고 있다고 하셨다. 누군가에게는 꼭 필요한 물건이지만 나에게는 필요 없는 물건도 많다.

두 번째는 재활용 케이스가 유행일 때였다. 쓰임이 많아 보여서 구입했는데, 생각보다 공간을 많이 차지하고 비닐을 사서 끼우는 게 불편했다. 금전적인 손실까지 여러모로 나에게 안 맞았다. 며

칠 사용 후 이것도 필요한 분에게 나눔하였다. 지금은 그냥 종이 박스로 그날 그날 채워서 버리고 있다. 특별히 관리할 필요도 없고 너무 편하고 좋다.

시행착오를 통해 우리 집을 관찰자 시각으로 바라보는 것은 꼭 필요한 일이다. 집이 작아서 큰 집으로 옮기고 싶은 것인지, 물건이 너무 많아서 집이 작아 보이는 것은 아닌지 객관적으로 살펴보아야 한다. 필요 없는 물건을 비우는 것만으로도 공간의 가치는 커진다. 집이 좁은 것이 아닌 물건이 많은 것이다.

# 집에서 새나가는 푼돈을 지키는 8가지 방법

## 1. 물건을 구매하기 전 대체품 찾기

진정한 부자는 돈이 많은 사람이 아닌 돈을 다스릴 줄 알고 돈을 지배하는 사람이다. 돈을 지배하는 사람은 작은 푼돈의 가치를 아는 사람이다. 새나가는 작은 돈들을 잡을 수 있는, 현명한 물건 관리 습관을 소개해보려고 한다.

내가 푼돈의 가치를 알게 된 것은 오랫동안 혼자 독립해서 살면서였다. 무조건 아낀다고 돈이 모아지는 건 아니었다. 어떤 것에 치중해서 쓰고 어떤 것에 덜 쓸지에 대한 계획이 정확하게 있었다. 내가 고시원 생활을 벗어날 수 있었던 것은 푼돈을 잘 관리했기 때문이라고 생각한다. 사고 싶은 물건을 맘껏 사고 필요 없는 지출을 많이 했다면 고시원에서 월세로, 전세로 옮기지 못했을지도 모른다.

나는 버려지는 물건을 보면 돈을 버리는 것 같아 죄책감이 들었다. 무조건 사지 말고 무조건 버리지 말자는 생각을 하게 되었다. 버려지는 물건을 유용하게 사용하면 '공간 활용성'과 '금전적인 이득' 두 가지를 얻을 수 있다. 버린다면 쓰레기고, 사용한다면 무엇보다 유용한 살림템이다.

작은 아이디어를 통해, 버려지는 물건에 온기를 불어넣어주는 일은 주부가 가질 수 있는 소소한 행복이기도 하다. 집에 있는 물건을 대체하면서 성취감도 함께 맛볼 수 있다. 구매하기 전에 사지 않을 수도 있어서 진짜 돈 버는 살림이다.

한 번만 생각하면 물건을 구매하기 전에 집에 있는 물건으로 대체할 수 있는 제품들이 많다. 고정관념을 깨고 물건을 다양하게 활용해보자. (재활용 아이디어 220~227p 참조)

아이디어를 발휘해서 활용한 물건 중 하나는 압축봉이다. 우산 보관함을 구매하려다가, 사용하지 않은 압축봉에 우산을 걸어 사용하고

있다. 버리는 물건의 용도를 변경하는 다양한 아이디어도 좋다. 필요한 물건을 구매하지 않고 대체해서 사용하는 것도 습관이다. 너무 짧아서 사용할 곳이 없는 압축봉은 고장 난 키친타올걸이를 대체해서 사용중이다. 키친타올걸이를 구매하지 않고 빈 공간을 활용해서 몇 년째 잘 사용하고 있다.

한편, 고정하는 고무줄이 끊어져서 버리려던 키친타올걸이는 몇 년째 청소세제를 공중부양해서 사용하다가 현재는 아이들 머리띠걸이로 재사용 중이다.

두루마리 휴지 거치대도 다른 용도르 활용할 수 있다. 우리집은 두루마리 휴지를 거의 사용하지 않아서 아이들 머리끈 거치대로 사용하고 있다. 버리지 않고 대체품으로 재사용한다면 물건을 새로 구매하지 않아서 좋고, 있는 물건을 쓰레기로 만들지 않으니 일석이조인 살림의 지혜다. 돈을 주고 산 물건을 버리는 것은 돈을 버리는 것과 같다. 우리는 어쩌면 쓰레기를 구매하고, 물건을 버리고 있는지도 모른다.

푼돈을 아끼는 유용한 방법 중 하나. 평소에 불필요한 물건을 자주 구매한다면 나의 소비습관에 맞춰 물건 가계부를 활용해보자. 객관적인 판단으로 불필요한 물건을 구매하는 것을 방지할 수 있다.

## 2. 푼돈을 지키는 작은 습관

요즘은 밥값만큼이나 커피값도 비싸다. 커피만 싸서 출근해도 많은 금액을 아낄 수 있다. 물론 우리집은 도시락까지 싸가니 점심 값을 계산하면 생활비가 많이 감소된다. 상황에 따라 차, 커피만이라도 챙겨서 출근해보자. 처음에는 습관이 안 되어 힘들겠지만 조금만 부지런을 떨어보자. 매일 커피값을 아껴서 통장에 넣어두면 1년이면 목돈이 된다. 그 돈을 어떻게 활용할지 벌써부터 두근거리지 않는가?

요즘은 집에서도 일회용 종이컵을 사용하는 모습을 쉽게 볼 수 있는데, 그 비용을 한 달 1년 계산해보면 엄청날 것이다. 어마어마한 양의 쓰레기와 쓰레기 처리 비용까지, 엄청난 경제적 손실은

물론 환경에도 좋지 않다. 집에서만이라도 일회용품을 사용하지 않는 습관은 꼭 추천하고 싶다.

### 3. 선물 활용하기(지인과 쿠폰 바꾸기)

요즘은 온라인 쿠폰으로 선물을 많이 주고받는다. 나는 물건이나 커피쿠폰을 받을 때 고민이 생긴다. 나는 커피를 거의 마시지 않는데다가 외출을 잘 하지 않는 편이라 안 먹는 쿠폰을 다르게 활용한다. 커피를 좋아하는 지인과 서로 안 쓰는 다른 쿠폰을 맞교환하는 것이다. 선물한 상대방도 불필요하게 사용되는 것보다 필요하게 유용하게 사용되길 바랄 것이다.

### 4. 가계부 작성

가계부는 돈공부의 시작이다. 쓸 때는 귀찮지만 그 효과는 아주 놀랍다. 가계부는 푼돈의 가치를 정확하게 보여준다. 가계부를 작성하다 보면 돈의 흐름이 한눈에 보인다. 어디에 지출이 많고 어느 부분을 더 아낄 수 있는지 정리가 된다. 돈의 흐름을 정확히 파악하는 것은 돈관리의 필수조건이다. 가계부를 작성한 후 생활비를 계산하면 불필요한 지출까지도 정확하게 점검할 수 있다.

가계부 작성은 수기, 어플 등 다양한 방법이 있다. 본인에게 맞는 스타일대로 해야 실패하지 않고 꾸준히 할 수 있다. 나도 처음에는 엑셀로 작성을 하다가 불편해서 수기로 바꿔 몇 년째 기록하

고 있다. 돈을 아끼는 건 궁상이 아니고 현명한 소비습관이다.

돈공부의 두 번째는 저축이다. 큰돈을 저축하려고 욕심을 내다 보면 금세 포기하게 될 수도 있다. 목표를 작게 잡아서 작은돈을 저축하는 습관을 기르다 보면 어느새 큰돈도 저축하는 날이 온다. 금액 상관없이 습관을 만드는 것이 포인트이기에 천원부터 매일 저축하는 습관을 들여보자. 한 달에 만원도 좋다. 경제공부보다 중요한 건 저축하는 습관, 돈을 지키는 습관이 먼저다.

## 5. 보험 다이어트, 보험 점검

나는 보험설계사도 아니고 보험 공부를 한 사람은 아니지만 이번에 보험거래를 오래 해왔던 분에게 피해를 보고 많은 것을 배우고 느꼈다. 보험은 가족이나 친인척, 지인소개 등으로 믿고 가입하는 경우가 대부분일 것이다. 보장내용을 먼저 따지기보단 상대를 신뢰하고 믿고 드는 것이 보험이다. 나도 믿었기에 의심 없이 15년을 넘게 유지했다.

"아는 게 힘, 모르면 당한다" 는 말이 있다. 보험을 들 때는 공부를 하고 많이 알아보고 들어야 한다. 무조건 믿고 아무것도 모른 채 들지 말아야 한다. 진짜 큰 목돈을 아낄 수 있는 기회를 날려버리는 것일 수도 있으니 말이다. 보험은 드는 것도 유지하는 것도 모두 중요하다. 내가 앞으로 계속해서 낼 수 있을지, 무리하다가

낸 금액을 손해 볼 일은 없는지 꼼꼼하게 따져보고 들어야 후회도 손해도 없다. 또한 내 수입의 적정수준의 금액을 책정해서 내는 것도 중요하다. 내가 든 보험이 나를 위한 보험이 아닌 나를 더 옥죄게 만드는 상품이 될 수도 있다.

보험 다이어트, 보험 공부도 꼭 필요한 돈공부다. 사실 일반인들이 보험사마다 일일이 비교해보고 보험에 가입하는 건 불가능하다. 다양한 설계사분들에게 상담을 받으며 나에게 꼭 필요한 것이 무엇인지 공부하며 우리 가족에게 필요한 보험을 알뜰하게 가입해야 나중에 탈이 없다.

나도 보험 다이어트를 하고 새롭게 갈아타면서 큰돈을 지불했다. 우리집은 이번 일을 계기로 보험에 다시 가입하고 매달 목돈을 아끼고 있다. 피해는 온전히 나와 내 가족이 보는 것이다. 온전히 내 선택에 의한 결과이기에 내가 감당해야 할 몫이다. 보험사와 보험 설계사 좋은 일만 시키는 일은 없게 해야 한다.

## 6. 반품 마트 활용(중고거래)

사야 할 물건이 있다면 인터넷이나 오프라인으로 물건을 구매하기 전에 반품 마트나 중고거래를 활용해보자. 반품 마트는 직접 볼 수 있다는 장점과 새 제품(유명브랜드, 다양한 제품들 등)을 구매할 때 인터넷보다 더 저렴한 가격에 구매할 수 있다. 주의할 점은 좋은 제품들이 많고 착한 가격에 판매가 되기에 충동적으로 구매할 수 있다는 점이다.
우리집에 건조기가 들어오
고 나서, 건조기에 넣지 못
하는 의류(면생리대, 소창행
주 등)를 널어둘 간이 건조
대가 필요해서 반품 마트에

서 구입했다. 간이 접이식 건조대는 1만원에 득템해서 몇 년째 유
용하게 잘 쓰고 있는, 나의 애정 살림템이다.

## 7. 소량구매(써보고 결정)

불필요한 소비를 막는 방법 중 하나는 샘플이나 테스트용 제품을
써보는 것이다. 보통 온라인은 물건을 구매할 때 택배비가 아까워
서 대용량을 시키는 사람이 많다. 물건이 나에게 맞는지 안 맞는
지 테스트 기간이 필요하다. 무조건 많은 양을 사서 쓰지도 못하
고 남을 주거나 버리게 되는 부작용을 막아야 한다. 다른 사람에
게 잘 맞는 제품이나 물건이 나에게는 불필요하거나 안 맞을 수
도 있다. 특히 화장품은 각자 맞는 화장품이 다 다르기에 샘플을
써보고 사길 추천한다. 나의 경험인데, 화장품을 추천받아 무료배
송 기준에 맞춰 여러 개를 구매했다. 하지만 내 피부에 안 맞아 알
레르기가 생기는 바람에 안 뜯은 새 제품을 친구를 주었다. 처음
부터 테스트를 했다면 돈 버리고 피부 트러블 생기는 일은 없었을
것이다.

테스트 제품 중에는 천연수세미가 있다. 천연수세미를 구매할 때 테스트하려고 대량이 아닌 잘라 쓰는 것과 완제품 두 가지가 있어서 한두 개씩 구매해서 비교했다. 잘라 쓰는 것이 좋다는 후기가 많았지만 나에게는 완제품이 더 튼튼하고 좋았다. 이젠 택배비 아낀다고 많은 양을 시키는 불필요한 소비를 하지 않는다.

현명한 소비를 위해 많은 양의 구매보다 테스트용 소량을 구매하길 추천한다. 택배비보다 더 많은 돈을 소비하게 될 수도 있다.

## 8. 아나바다

요즘은 '아나바다'라는 말을 듣기 힘든 시대가 된 듯하다. 아나바다는 '아껴 쓰고 나눠 쓰고 바꿔 쓰고 다시 쓰는' 물건의 가치와 소중함을 배울 수 있는 좋은 환경운동이었다. 다음 페이지의 사진에서 보이는 돌상은 재활용품을 사용하여 내가 직접 만든 엄마표 돌상이다. 둘째까지 유용하게 쓰고 미혼모 센터에 기부했다.

무언가를 사기 전에 주변과 공유해서 사용할 수 있는 다양한 방법들을 찾아보면 꽤 있음을 알게 된다. 버려지는 옷과 장난감, 생

활용품, 도서 등 버리기 전에 다양한 기부처를 알아보고 기부하는 것도 생각해보자. (142p 참조)

재활용품을 사용한 우리 아이들 돌상

**속도** 나만의 살림 속도 사랑하기

**루틴** 제일 편리한 방법과 방향을 찾아 루틴 만들기

**규칙** 자신만의 하지 않는 규칙을 정하기

**재미** 살림의 의미를 찾아 살림을 재미있게 하는 것

## 나만의 살림 속도 사랑하기

주부로서 나의 장점은 손이 빨라서 척척 빠르게 일처리를 하는 편이다. 반대로 단점은 그 빠른 스피드로 인해 꼼꼼함이 부족하

다. 빠르게 일을 끝낸다고 해서 좋은 것도 아니고 느리게 일을 한다 해서 나쁠 것도 없다. 빠른 만큼 시간을 절약하지만 빈틈이 보이고, 느린 만큼 꼼꼼하게 일처리를 해낸다고 볼 수 있다.

살림도 마찬가지다. 중요한 것은 나만의 속도로 나만의 살림법을 찾아 해내는 데 의미가 있다. 많은 살림을 빠르게 해내는 게 중요한 것이 아니라, 천천히 한 가지라도 제대로 해내는 것이 중요하다. 나만의 속도로 오늘도 살림을 디자인하자.

## 루틴 만들기

누구에게나 스스로에게 편한 방법은 조금씩 다르다. 노동을 줄이기 위한 최소한의 동선을 적용하되, 내가 편한 방향성과 내 스타일대로 일을 하면 된다. 자신만의 루틴을 정하면 노동을 줄이고 시간을 효율적으로 사용하여 일을 끝낼 수 있다.

다른 사람을 따라할 필요도 없고 비교할 필요도 없다. 내가 편한 방법이 누구에게는 불편하거나 불필요할 수도 있고, 누군가에게 편했던 방법이 나에게는 불필요할 수 있다. 하지만 동선을 최소화하는 살림은 노동을 줄이는 효과적인 살림법이다. 나는 세탁기 위

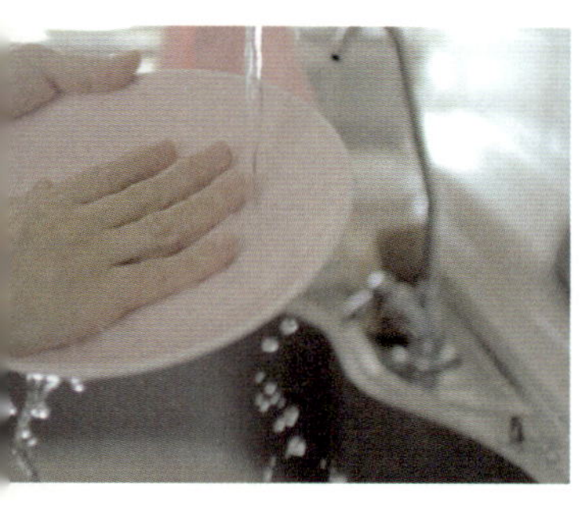

에 선반이 있어서 세탁 세제를 선반 위에 올려두고 사용하는데, 이 방법이 정답은 아니다. 세제를 밑에 두고 사용해도 되고 선반을 앞쪽에 두거나 올려두고 사용하는 등 각자 편한 방식대로 편한 동선대로 사용하면 된다.

많은 경험과 노하우 없이는 지혜가 담긴 살림을 할 수 없다. 파도가 어루만져 만들어진 조약돌처럼 나에게 맞는 집안일 루틴도 한 번에 만들어지는 것은 아니다. 조급함을 버리고 천천히 자신에게 맞는 방향을 찾다 보면 효율적이고 가벼운 살림을 만나게 될 것이다.

중요한 것은 일정과 우선순위를 구분해서 일처리를 하는 것이다. 집안일도 마찬가지다. 우선순위를 정해서 빨리 해야 되는 일과 나중에 해도 되는 일을 정해서 하면 된다. 누군가는 제일 싫어하는 일을 먼저하고 좋아하는 일을 나중에 해야 일을 쉽게 한다고 한다. 반대로 나는 제일 좋아하는 일을 먼저하고 싫어하는 일을 제일 나중에 한다. 어떤 방식이 옳고 그르냐의 문제가 아니다. 내가 편하고 즐거우면 된다.

## 나만의 하지 않는 규칙 정하기

나만의 하지 않는 살림 규칙을 정해놓으면 효율적으로 가벼운 살림을 만날 수 있다. 규칙을 만들 때는 스트레스가 되지 않게 내가 지킬 수 있는 것이어야 한다. 내가 하지 않는 규칙 몇 가지를 정리해보았다.

## 일회용 용기를 사용하지 않는다

미니멀라이프와 친환경 살림을 한 지 벌써 몇 년이 되어간다. 버려지는 쓰레기를 생각하며 일회용품을 쓰지 않다 보니 크게 불편하지도 않다. 플라스틱 용기는 가벼워서 사용하기 좋지만 위생적이지 못한 큰 단점이 있다. 무엇보다 물건이 많이 늘어나지 않는 게 가장 좋다.

일회용품은 쉽게 쌓인다. 배달시키면 따라오는 나무젓가락 하나도 쌓아두면 짐이다. 플라스틱 용기는 쓰레기 배출량도 많아서 일회용 용기를 조금만 줄여도 엄청난 쓰레기를 줄일 수 있다. 나는 쓰레기를 만들지 않는 가벼운 살림을 하고 싶다.

신혼 때는 정리한다고 일회용 용기를 많이 사서 사용했는데 얼마 사용하지도 못하고 깨져서 부끄럽게도 많은 통을 버렸다. 냉장고 정리뿐 아니라 외출할 때도 통을 되가져오기 귀찮아서 일회용 용기를 많이 활용했었다. 이젠 플라스틱 일회용 용기를 사용하지 않으니 구매할 일도 쓰레기를 배출할 일도 없어졌다. 플라스틱 일회용 용기를 사용하지 않으니 위생적일 뿐 아니라 씻어서 버리는

등 불필요한 노동을 하지 않게 되었다.

일회용 용기를 사용하지 않는다고 결심한 후, 사용하던 일회용 용기를 다 비우는 것은 더 많은 쓰레기를 배출하는 부작용을 초래할 수 있다. 극단적으로 모두 다 버리고 다시 사는 일을 만들지 않기 위해서 조금씩 줄여가는 걸 추천한다.

꼭 필요할 땐 재활용을 하는 방법도 있다. (220~227p 참조)

## 일회용 행주를 사용하지 않는다

살림을 하며 각자 좋아하는 살림이 있듯, 나에게는 행주 삶기가 작고 소소한 행복이다. 친정 엄마가 행주를 삶아서 사용했기에 자연스럽게 배운 덕도 있다. 더러워진 행주가 깨끗해지면 내 마음도 청소되는 기분이다. 말린 행주를 접어서 정리하는 일, 두둑하게 행주를 챙겨 놓으면 내 마음이 든든하다. 뽀송뽀송한 행주로 식기를 닦을 때면 기분이 좋다. 행주를 삶고 빨아 널어 두는 그 뽀드득 개운함이 너무 좋다. 면 행주를 사용하다가 몇 년 전부터 소창행주로 바꿨다. 친환경적인 부분도 있지만 써보면 장점이 많다. 닦을 때 먼지 날림도 거의 없고, 물기를 빨아들이는 흡수력이 정말 좋다. 쓸수록 흡수력이 더 좋아지고 손에 착착 붙는 느낌이 참 좋다.

면 행주는 손이 많이 간다는 이유로 일회용 행주를 사용하는 분들이 많다. 면 행주는 꼭 삶지 않아도 과탄산소다에 몇 시간 정도 담가놓고 세탁해도 된다. 팔이 아픈 이후로는 삶기보단 주방 마감 후에 담가놓고 아침에 세탁을 한다. 친환경 소창행주는 위생뿐 아니라 사용할수록 행주만의 매력이 있기에 추천하고 싶은 살림템 중 하나다.

나를 설레게 하는 살림          소창행주 길들이기

## 일회용 비닐을 사용하지 않는다

일회용 장갑이나 지퍼팩, 일회용 비닐은 원래 잘 사용하지 않았었다. 일회용 장갑은 손이 작아 불편하기도 하고 손으로 음식을 했다. 일회용 비닐 대신 용기나 통에 담아두는 것은 그렇게 불편하지 않았다. 일회용 비닐 한 통을 사면 몇 년을 쓸 정도로 거의 사용하지 않았기에 쓰던 것만 쓰고 비웠다.

또한 지퍼팩은 아이들 준비물 준비할 때 빼고는 쓸 일이 거의 없어서 사용하던 것만 사용하고, 면주머니나 면가방을 쓰고 있다. 아이들 학습지를 담아오는 비닐을 안 쓰기 위해 면주머니를 사용하고, 학교 준비물은 천가방을 사용한다. 조금 불편할 수도 있지만

하다 보면 습관이 된다.

일상에서 일회용 비닐을 사용해야 한-다면 조금씩 줄여나가는 것부터 시도해보자. 두 번 쓸 거 한 번 쓰는 등 횟수를 줄이는 것이다. 생각보다 많은 양의 일회용품을 줄일 수 있다. 안 쓴다고 집에 있는 일회용품(비닐, 지퍼팩 등)들을 모두 버릴 필요도 없다. 버린 후 쓰레기도 생각해야 한다.

일회용 비닐이나 지퍼팩을 사용해야 한다면 시중에 제품을 살 때 지퍼로 된 비닐은 버리지 않고 두었다가 재사용을 한다. 지퍼용기라 튼튼하고 편리하고 크기별로 몇 개씩 보관해서 사용하면 그때 그때 필요에 맞춰 유용하게 사용하고 있다. 금전적으로도 절약되고 환경까지 생각한 재사용 친환경 살림은 좋은 습관이다.

## 불필요한 수납용기를 사지 않는다

살림템 중에 빠질 수 없는 것이 수납용기다. 수납용기는 필요에 의해 구입해서 예쁘게 정리해두면 유용한 살림템이다. 예전에는 무조건 수납용기에 담아두어야 정리가 된다고 생각해서 나도 용기에 담아 정리를 했었다. 생각해보면 실용적인 정리가 아닌 보기에만 예쁜 정리를 했던 것 같다.

공간에 따라 수납용기에 담아두면 실용적이지 않고 정리하기 더 불편할 수도 있다. 편하려고 수납용품을 샀는데 공간만 낭비되고 관리까지 불편해지는 것이다. 이렇게 사용하지 않는 수납 용기는 애물단지가 되고 만다. 수납용품을 사야 공간이 정리가 된다는 생각부터 버렸으면 좋겠다. 자칫 보기에만 예쁜, 비효율적인 예쁜 쓰레기가 될 수도 있다.

수납용기가 필요하다면 구매하기 전에 대체품을 찾아 사용하는 것도 방법이다. 수납용품을 사지 않아도 재활용품으로도 단정하고 깔끔하게 정리할 수 있다. 과자상자, 우유팩, 신발상자 등 다양하게 재활용을 할 수 있다. (220~227p 참조)

규칙 안에서 다양한 것들이 질서를 이룬다. 작고 소박한 변화를 위해 당신은 나만의 하지 않는 어떤 규칙을 만들고 싶은가?

↑ 수납 용기 없이 정리한 공간

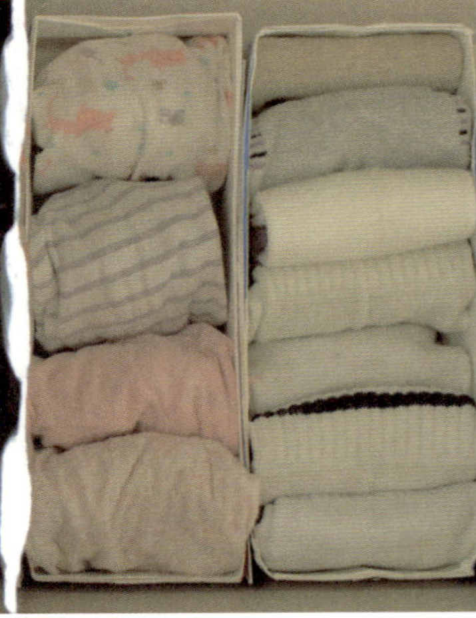

→ 과자상자, 우유팩 등을 재활용하여 충분히 깔끔하게 수납할 수 있다

## 살림의 재미

살림이 재미없는 가장 큰 이유는 살림이라는 일에서 의미를 찾기 힘들어서가 아닐까 생각해본다. 일을 일로만 보면 더 하기 싫고 힘들다. 일에 의미를 부여하고 만들어가는 것은 나 자신이다.

나에게 살림은 나를 만나는 지극히 개인적인 시간이다. 매일 반복되는 지겨운 일이 아닌, 내 가족을 위해 나만이 할 수 있는 최고의 가치 있는 일이라 생각한다. 나에게 살림은 그 어떤 일보다 비교할 수 없는 가치 있는 일이다.

모든 일을 놀이처럼 하면 힘들지 않듯 살림을 놀이처럼 즐겨보자. 누군가에게는 설거지가 기쁨이 되지만 누군가에게는 너무 하기 싫은 일일 것이다. 각자가 느끼고 생각하는 것은 모두가 다르다. 부족해도 나만이 할 수 있는 내 살림을 누구보다 즐기며 재미있게 해보자.


## 고정관념을 깨는 살림 노하우

매일 하는 살림도 고정관념에서 벗어나 이것저것 시도해보면 편하고 좋은 방법들을 찾아낼 수 있다. 익숙함이 주는 편안함도 좋지만 새로운 것이 주는 설레임과 편리함을 만날 수 있을 것이다.

### 바퀴 쓰레기통

결혼하고 10년을 넘게 사용해오던 휴지통이 낡아서 교체를 했다. 휴지통에 비닐을 사용하는 게 번거롭고 조금 불편했다. 휴지통을 구매할 때 쓰레기봉지에 맞는 사이즈를 구매해서 바로 쓰레기봉지를 끼워 사용하고 있다. 우리집은 휴지통이 하나라서 이동하기 편하게 바닥에 바퀴를 붙여서 사용하고 있다.

### 욕실 앞 수납장 활용

고정관념을 깬 살림 중 하나는 수건, 칫솔, 치약을 화장실에 배치하지 않았다. 위생상 화장실보다 밖에 배치하는 것이 위생적이고 좋을 뿐 아니라 사용하기도 전혀 불편함이 없다.

### 신발장을 수납장으로 활용

우리집은 신발장을 수납장으로 사용하고 있다. 주방이 좁아서 신발장에 재활용을 버리는 수납공간을 만들어 사용하니 활용도 만점이다. 종이가방 안에 상자나 폐비닐이 생겼을 때 넣어 사용한다. 출근을 할 때나 외출을 할 때 그날그날 비우니 재활용 버리는 보관함이나 재활용바구니 등 따로 통을 관리할 필요가 없어서 굉장

 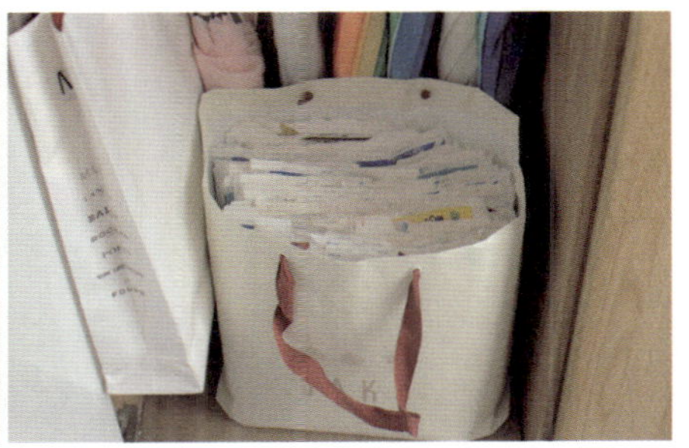

히 효율적이다.

신발장은 우유팩을 수납해두는 공간도 마련해서 우유팩을 세척하고 말려서 종이가방에 모아둔다. 아이들이 있는 집이면 특히 종이팩이 매일 나오는데 모아두었다가 포인트 등으로 적립하면 시장볼 때 도움이 된다. 나는 한살림에서 장을 볼 때(종이가방 가득 모아지면) 가져가서 포인트로 활용한다.

종이팩을 소중한 자원으로 되돌리는 프로젝트에 참여하는 방법이 있다. 우유팩은 버리지 말고 활용해보자. 한살림 매장데 종이팩을 가져가면 포인트로 적립 후 물건을 구매할 때 사용할 수 있다. 닥터주부 종이팩 수거 프로젝트는 최소 100매를 택배를 보나면 포인트로 적립해준다. 또한 동(읍)사무소는 휴지로 (1키로당 휴지 1가) 교환해준다.(지자체마다 차이가 있으니 전화문의는 필수)

# 활용도가 높은 것 구입하기

비싸면 좋고 싸면 안 좋다는 고정관념을 버릴 때 실패 없는 쇼핑을 할 수 있다. 비싸게 샀는데 그 값어치를 못하는 실망스러운 경우도 많다. 반대로 싸지만 그보다 몇 배 더 좋은 값어치를 하는 경우도 있다. 물건에 따라 착한 가격으로 좋은 물건을 득템해서 비싼 가격에 산 물건보다 더 잘 사용한 물건들도 많다. 구매 전에 꼼꼼하게 따져보고 활용도가 좋은 것을 구매하기를 추천한다. 좋은 물건의 가치를 알아보는 안목 또한 중요하다. 제품의 가격보다는 물건의 장단점을 비교하여 후회 없는 구매를 하길 바란다.

착한 가격에 사서 오랫동안 잘 사용하는 다양한 물건들이 많다. 그중 하나는 가격이 저렴한데 쓰임새가 좋은 손잡이 유리병이다. 뚜껑은 플라스틱이라 변색 걱정 없고 손잡이가 있어서 편리하다. 냉동실까지 사용가능해서 몇 년째 너무 잘 사용하고 있다.

이사 올 때부터 사용중인 파스텔 식기

는 질리지 않고 오랫동안 사용하고 있다. 구매할 때만 해도 파스텔 식기들이 유행하지 않아서 착한 가격으로 4인식기를 저렴하게 구매했는데 7년째 사용 중이다. 요리사진을 찍을 때도 비싼 식기보다는 착한 가격의 식기들을 사용한다.

내가 매일 사용하는 법랑 제품도 빼놓을 수 없다. 위생적이고 가볍게 사용할 수 있으며 관리만 잘하면 평생 사용할 수 있다는 장점이 있다. 유리 재질이라 조심스럽게 다뤄야 하고 가격이 비싸다는 단점이 있다. 가격을 생각하면 아까울 수 있고 누군가에게는 사치스러운 살림템일 수도 있지만 내가 애정하는 살림템 중 하나다. 실용적인 면에서 그 값어치를 충분히 하며, 단점보다 장점이 많아서 매일 사용하고 있다.



## 기계의 힘을 빌려 살림하기

집안일을 더 편하게 할 수 있는 방법이 있다면 그 방법을 택하지 않을 이유가 없다. 살림이 힘이 들고 버겁다면 노동과 시간을 줄여주는 기계의 힘을 빌려 나의 수고를 덜자. 살림시

간이 부족한 직장맘이나 살림하는 시간에 쫓겨서 내 시간이 없는 전업주부 모두 기계의 힘이 필요하다. 기계를 사서 노동 시간을 줄이고 절약된 그 시간들을 모으면 결코 작은 시간이 아니다.

물론 기계에 따라 큰 목돈이 들어간다는 단점이 있다. 기계를 사용하는 것에 대한 선택은 각자의 몫이다. 나는 많은 시간을 벌기에 그 가치가 더 크다고 생각한다. 예를 들어 집안일 중 하루에 설거지와 빨래 시간을 줄인다고 계산해보자. 하루 세 번의 설거지, 한두 번의 빨래 널기 등을 계산하면 한 시간이 넘는 시간을 벌 수 있다.

노동이 줄어든 그 시간을 다양하게 활용할 수 있다. 그렇게 줄인 시간 동안 나는 책을 읽고, 글을 쓴다. 어느 날은 엄마표 선생님이 되어서 아이들 공부를 봐주고, 가족 간의 대화시간을 만드는 등 다양하게 시간을 활용한다. 기계의 힘을 빌려 살림을 하는 것은 필수가 아닌 선택이지만 나에게는 필수다.

나에게 유용한 살림템이지만 누구에게는 자리만 차지하는 필요 없는 애물단지일 수도 있다. 예를 들어 두 가족만 산다면 많은 양의 빨래와 설거지가 나오지 않을 것이다. 부부가 함께 가사노동을 분담하면 기계를 사는 것보다 더 유리할 수도 있다. 기계로 인한 공간 차지를 무시할 수 없기에 신중하게 고려해서 구매하고 활용하길 바란다.

나는 완벽하려거나 잘하려고 하지 않는다. 나는 내가 할 수 있는 만큼만 해내는 게으른 주부에 속한다. 하지만 그래도 안팎으로 많은 일을 하기에 나를 잘 챙기고 돌봐야 한다. 이는 아주 중요한 일이다. 충전을 해야 나뿐 아니라 가족을 돌볼 수 있는 에너지가 생긴다. 스스로를 챙길 줄 아는 사람이 다른 사람도 챙길 수 있다. 내가 하는 마음충전법 3가지를 소개하려 한다.

## 3가지 마음충전법

### 자유시간(좋은 사람들과 만남)

삶에 여유가 없는 건 몸이 바쁜 것보다 마음의 여유가 없기 때문이다. 나를 충전하는 시간은 나와 내 가족을 위한 투자이며 나를 찾아가는 용기이다.

매일 똑같은 하루, 육아와 살림에 지친 몸과 마음을 챙기는 일은 시간이 많이 드는 대단한 일이 아니다. 내가 충전하는 방법 첫 번째는 좋은 사람들과 좋은 만남을 갖는 것이다. 웃고 떠드는 동안 생각지도 못한 좋은 보물을 건질 때도 있다. 음식도 예쁘게 플레이팅 하면 더 먹음직스럽게 보이듯 사람도 어떤 사람을 마음에 담느냐에 따라 삶과 인생이 달라진다. 좋은 그릇이 되어주는 내 사람들과 좋은 시간을 보내고 좋은 것을 나누는 시간은 아주 값지다.

## 충전 데이(하기 싫은 날은 무조건 쉬기)

하루쯤 아무것도 안 한다고 어떤 일도 일어나지 않는다. 부담감을 다 내려놓고 편히 이 시간을 즐기며 여유로운 시간을 보낸다. 특별할 것도 없이 평범하게 보내는, 온전히 뒹굴거리며 보내는 충전의 시간이다.

우울하고 생각정리가 필요할 땐 불필요한 것을 끊어내는 충전 데이를 활용한다. 불편하고 답답했던 마음을 모두 비워내는 시간이다. 마음 쓰레기통을 비우는 시간은 나쁜 에너지를 삭제하는 힘이 있다. 부정 에너지를 버리고 마음에 좋은 에너지를 채우는 꼭 필요한 좋은 시간이다. 마음정리를 잘해서 얻을 수 있는 궁극적인 목적은 마음의 평화, 일과 삶의 균형이다.

긍정 에너지를 충전하기 위해 나를 위한 충전 데이를 꼭 가져보자.

## 보상 데이(나에게 보상하기)

우리는 많은 사람을 챙기며 정작 나를 챙기는 데는 참 인색하다. 열심히 일한 나에게 보상해주는 보상 데이, 나를 챙기는 날이다. 자기자신에게 좋은 걸 줄 줄 아는 사람이 되어야 한다. 나를 챙기기 위해 비싼 명품가방이나 비싼 물건 등을 사라는 말이 아니다. 일상에서 소소하게 나를 챙기는 일을 말하는 것이다.

나는 보상 데이에 온전히 나를 위한 맛있는 음식을 대접한다. 간편하게 맛있는 한그릇 요리로 스파게티나 비빔밥을 해서 먹는다. 시장을 보고 오는 길에 먹고 싶은 게 생기면 포장해서 맛있게 혼자 먹는다. 배달음식을 시켜 먹거나 커피숍에서 맛있는 차를 마시며 여유시간을 보내기도 한다. 맛있는 차를 포장해 와서 즐기는 것도 좋은 방법이다.

살림코칭을 하며 만난 살림디자이너 주부님 한 분은 매달 자신을 위해 귀걸이를 선물한다고 하셨다. 정말 멋진 아이디어라고 생

각했다. 나도 아주 가끔 갖고 싶거나 사고 싶었던 물건을 보상처럼 나에게 선물을 한다. 굳이 비싼 음식이나 비싼 물건이 아니어도 소소한 선물 하나만으로도 충분히 행복해질 수 있다. 나를 챙기는 것은 그리 어렵고 힘든 일이 아니다.

## 5가지 자기계발 노하우

나의 하루를 디자인하고 나의 인생을 디자인하는 것은 바로 나다. 내가 시간을 얼마나 계획적으로 사용하느냐에 따라 일상이 조금 더 효율적으로 알차게 성장하게 된다. 우리는 끊임없이 배우고 성장하려고 노력한다. 자기계발을 통해 우리는 스스로 성

장하고 싶은 크기만큼 성장할 수 있다. 생각과 마음이 일치될 때 행동이 변화되고, 삶이 바뀐다. 언제 올지 모르는 기회를 잡기 위해서, 어제보다 나은 오늘을 살기 위해서, 자기계발을 멈추지 않아야 한다. 내가 하는 자기계발 다섯 가지를 소개해본다.

### 1. 독서 & 공부

내가 꼽은 자기계발 첫 번째는 독서와 공부이다. 블로그를 시작하

면서 동기부여가 되어 나는 다양한 것들을 배우고 도전하고 있다. 계절이 지나야 예쁜 단풍을 만날 수 있듯 나도 예쁘게 나이 들어 아름다운 나만의 색을 가진 어른으로 성장하고 싶다.

우리는 입버릇처럼 시간이 없어서 못한다는 말을 자주 한다. 시간이 없다면 매일 하루를 보내는 시간을 기록해보자. 얼마나 많은 시간을 제대로 활용하지 못하고 있는지 깨닫게 될 것이다.

우리는 배우고자 마음만 먹으면 다양한 것들을 배울 수 있는 환경 속에서 살고 있다. 나는 오후시간은 가족이 아닌 나만의 시간을 보낸다. 내 일을 하거나 독서, 듣고 싶었던 강의를 듣고 대학교 강의를 듣는 등 배움의 시간을 갖는다. 독서는 내가 보지 못했던 몰랐던 다양한 시야를 갖게 해준다. 독서와 공부는 뇌를 가동시켜 세상을 바라보는 관점과 의식 수준이 높아지게 한다. 새장에 갇혀 사는 새가 아닌 세상을 넓게 보는 눈과 마음을 가질 수 있다.

작고 소소하게 목표를 잡아서 실천해야 실패확률이 낮다. 책상에 오래 앉아 있는다고 공부를 잘하는 게 아니듯 많은 시간을 투자한다고 많은 것을 얻는 건 아니다. 마일 10분 책 읽기, 매일 영어 한 단어 외우기 등 매일 조금씩 실천해보자.

나에게 독서와 공부는 세상과 소통하는 통로이며, 더 나은 나를 위해 성장하는 시간이다. 현재보다 더 나은 미래를 위한 투자, 공부와 독서는 자기계발 중 내가 제일 중요하게 생각하는 부분이다.

## 2. 글쓰기

글쓰기는 나 자신과 만나는 시간이다. 다양한 SNS를 하면서 하나를 추천하라면 나는 블로그를 가장 먼저 추천하고 싶다. 자연스럽게 글쓰기 연습이 된다. 글을 쓰다 보면 내 마음을 들여다볼 수 있게 된다. 그리고 그후에 브런치 작가가 되어 글을 쓰면서 참 뿌듯했다. 막연히 언젠가 내 책을 내고 싶다는 생각이 있었는데, 브런치 작가로 활동하면서 내 글이 누군가에게 위로가 되고 힘이 되고 있다는 것에 감사함을 느끼며 용기가 생겼다. 책을 쓰고 싶다는 마음이 더 확고해졌다.

## 3. 미래를 위한 3p바인더

엘보로 팔이 아파 아무것도 할 수 없을 때 슬럼프에 빠졌다. 우울한 마음에 그동안 배우고 싶었던 것을 하나씩 배우기로 했다. 그중 하나가 시간관리 도구 3p바인더였다. 3p바인더를 통해 나의 멘토 꿈벗 박대호 대표님과 인연이 시작되었다.

3p바인더는 일반적인 다이어리와는 다른 개념으로, 시간을 체계적으로 계획하고 기록한다. 배울수록 신기했고 머리를 한 대 맞은 듯이 놀라웠다. 꿈을 이루기 위해 계획적이고 체계적으로 시간을 관리하는 시스템이었다. 4주 과정을 마치고 수료증을 받았지만 부끄럽게도 아직도 난 3p바인더를 완벽하게 모두 활용하고 이해하진 못한다. 한 가지 확실한 건 나의 꿈과 목표에 맞춰 매일 작성하는 3p바인더를 통해 나의 시간을 분석하고, 부족하게 사용되는 시

간을 조율하며 지금보다 더 발전해가고 있다는 것이다. 목표(꿈)가 생겨야 계획을 세울 수 있고 계획을 세워야 시간관리를 통해 필요한 시간과 불필요한 시간을 구분하고 활용할 수 있다. 내일의 나를 변화시킬 작은 노력이 무엇보다 큰 가치가 될 수 있다. 작은 불씨가 큰 산을 태우듯 나의 습관이 내 인생에 큰 기적을 만들 수 있다.

## 4. 미라클노트 555법칙

내가 매일 쓰는 노트가 있다. 이 미라클노트에 나는 나에게 큰 의미가 있는 기적의 글쓰기를 하고 있다. 하루를 반성하는 5가지, 오늘 하루 감사한 일 5가지, 내가 되고 싶고 바라는 점 5가지를 작성해서 그날에 반성을 하고 감사함을 느끼고 내가 되고 싶은 꿈을 적어가며 하루를 마감한다.

하루를 반성하며 나를 돌아보는 일은 의미 있는 일이다. 반성을 하고 실수를 되새기며 똑같은 실수를 하지 않으려고 머릿속으로 정리하는 시간을 갖는다. 감사한 일을 적으며 오늘도 참 감사한 하루를 살았구나 소소한 행복과 감사를 느끼며 행복한 마음으로 하루를 마감한다. 하나씩 이루고 나면 지우고 또 다른 꿈을 또 적어서 채운다. 말을 해야 꿈이 이루어지듯 자꾸 말을 하고 그 말에 책임지기 위해 내 몸과 마음이 움직여서 행동을 하게 된다.

## 5. 1인 브랜드 SNS에 도전하기

결혼 후 아이를 키우면서 월급이 넉넉하지 않았던 상황에서 가계에 조금이나마 도움이 되고 싶어서 시작한 것이 블로그였다. 블로그로 주부들이 돈을 벌 수 있다기에 무모하게 도전했다. 그렇게 시작한 블로그는 나에게 많은 것을 배우게 해주었다. 자기계발을 하기 위한 마지막 다섯 번째가 SNS이다.

### 블로그 시작

큰아이가 어릴 때 문화센터가 유행을 했을 때다. 나는 몬테소리 어린이집을 다녔던 경력을 살려서 엄마표 재활용 교구를 만들어 블로그에 올렸다. 물론 문화센터를 보낼 형편이 안 된 것도 사실이었다. 나 같은 엄마들을 위해 교구를 만들어 아이와 수업을 하는 내용과 사진들을 올리기 시작했다. 아이와 추억도 만들 수 있

잠을 쪼개가며 '재활용품을 이용한 엄마표 교구'를 만들어 블로그에 올렸다. 아이와 함께 홈스쿨링과 아동요리를 했던 것은 서로에게 특별한 추억으로 남아 있다. 큰아이는 지금도 가끔 어릴 때를 기억하며 이야기를 한다. 지금도 엄마와 함께 요리하는 것을 너무 좋아해서 아이와 종종 요리를 만들곤 한다. (왼쪽, 가운데는 홈스쿨링과 요리하는 첫째, 오른쪽 사진은 홈스쿨링하는 둘째)

고 누군가에게 도움이 될 수 있다는 게 참 좋았다. 생각보다 반응이 괜찮았고 육아용품도 간간히 받으면서 가계에 도움이 되었다. 홈스쿨링 블로그를 2천 명 정도로 키웠지만 3페이지 저품질(그때는 모든 포스팅이 3페이지에 걸리는 현상)이 찾아왔다. 1년 넘게 빠져나오려고 노력했는데 도저히 답이 없었다. 포기하지 않고 1년 넘게 꾸준히 포스팅을 했지만 끝은 좋지 않았다. 여전히 저품질에 빠져나오지 못했고, 새롭게 블로그를 다시 시작했다. 홈스쿨링 내용은 누군가에게 필요할 수 있기에 새롭게 시작한 블로그에 재탕을 했다. 더 도움이 되고 싶은 맘으로 새로운 수업 아동요리도 올리면서 아이와 추억을 쌓으며 블로그를 운영했다.

이전 블로그가 금방 성장했기에 이번 블로그도 잘될 줄 알았다. 1년 반이 넘게 아무도 내 글을 볼 수가 없게 되었지만 포기하지 않았다. 내 블로그를 응원해주시는 분들을 보며 최적화가 되면 반응이 있을 거라는 믿음으로 이어갔다.

그러다 인생멘토 블로그로 알게 된 언니의 달 한마디.

"폼아~ 너 요리 좋아하고 잘하는데 왜 요리 블로그 안 하니?"

그 말을 시작으로 육아에서 요리로 전향하여 내 인생의 전환점을 만날 수 있었다. 나의 숨은 재능을 발견해준 언니가 지금도 너무 감사하다.

요리 블로그를 키우기 위해 포스팅이 많이 없는 간식종류와 음식, 요리를 못해도 누구나 따라하기 쉽고 맛있는 레시피를 포스팅했다. 남들과 차별점을 두기 위해 독학으로 사진 공부를 하면서 음식사진을 올렸다. 그렇게 노력하며 최적화가 되길 기다렸다. 노력은 절대 배신하지 않는다는 말은 맞는 말이었다. 남들보다 많이 느리고 더디게 갔지만 도착은 남들보다 빨랐다. 블로그 최적화는 1년 반 넘게 걸렸지만 만 명을 키우기까지는 2년이 채 안 걸렸다. 그러다 주방이 좁아서 사실 냉장고는 기대도 안 했는데 삼○ 냉장고 협찬을 받는 기적같은 일이 일어났다. 블로그를 하면서 지금까지의 힘듦을 보상받는 기분이었다. 냉장고를 시작으로 계속 전자제품 협찬이 들어왔다. 그렇게 이웃이 늘고 제품 협찬과 원고료 제의까지 많은 문의가 들어왔다. 블로그 덕에 꼭 필요한 물건들과 원고료도 함께 받아서 가계에 많은 도움을 받았다.

블로그를 하면서 욕심내지 않고 아이를 돌보며 내가 할 수 있고 필요한 만큼 적당히 일을 하고 돈을 벌었다. 사진이 필요하신 중소기업 사장님들의 제품 사진을 찍어주는 아르바이트까지 하면서 생각지도 못한 부수익을 올렸다. 블로그는 열심히 하면 누구나 할 수 있다는 것을 몸소 체험했다.

나에게 블로그는 어렵고 힘들었던 시절 많은 도움을 준 고마운 선물이자 친구이자 많은 추억을 함께한 친정 같은 존재이다. 여전히 나는 요리 블로그를 잠시 쉬는 것이지 운영을 안 하는 것이 아니다. 팔이 좋아지면 다시 나를 기다려주시는 이웃님들을 위해 열정을 담아 요리를 올리고 싶다.

블로그 요리 사진

큰아이 2학년 때 예기치 못한 손님 코로나가 찾아오니 블로그를 할 시간이 없어졌다. 그때 친한 언니의 제안이 있었다.

"폼아 매일 하는 살림을 유튜브에 올려보는 건 어때?"

그 말 한마디에 힘입어 이번에는 무모하게 유튜브에 도전했다. 사진과 영상은 또 다른 매력이 있었다. 그 재미에 푹 빠져서 독학으로 편집 프로그램을 공부했다.

블로그처럼 가계에 큰 도움은 안 되었지만 평범한 내 살림을 보는 많은 이들이 '보는 것만으로 힐링이 된다'고들 하셔서 뿌듯했다. 유튜브가 커가면서 공기청정기, 원고료를 포함한 전자제품 제안이 많이 들어왔다. 지금도 유튜브 협찬은 많이 들어오지만 엘보로 인해 할 수가 없다. 여전히 치료를 받으며 인스타와 블로그, 유튜브에 가끔 소식을 전하고 있다.

SNS 도전은 나를 브랜드로 만들어주었고, 사람들에게 나를 알릴 수 있는 계기가 되었다. 블로그를 통해 TV출연도 몇 번 제안을 받았는데 자신이 없어서 모두 거절했다. 그러다 블로그를 보고 잡지 〈앙쥬〉에서 연락이 와서 고수맘 간식(요리)이 소개되는 좋은 행운도 얻었다.

SNS활동을 하며 다양한 강의 플랫폼에서 강의 제안도 받았다. 처음에는 내가 할 수 있을까 싶어 도저히 용기가 나질 않았다. 할

수 있다는 자신감을 주신 멘토 꿈
벗 박대호 대표님 덕분에 처음 강
의를 시작할 수 있었다. 강의 플랫
폼은 나에게 러브콜을 세 번씩이
나 해준 인클(약 70만 유튜버 단희
쌤이 운영하는 플랫폼)을 선택해
서 강사로서 첫 발을 내디뎠다.

SNS를 하지 못하는 것은 시간이 없어서가 아닌 용기가 없어서라고 생각한다. 자신감과 포기하지 않는 마음만 있다면 누구든 무엇이든 다 잘해낼 수 있을 것이다.

"평범한 나도 했으니 당신은 누구보다 잘해낼 수 있다고 믿는다"고 꼭 전해주고 싶다. 이 책을 읽고 있는 그대도 누구보다 충분히 완벽하고 아름답기에 멋진 브랜드로 성장할 수 있다고 믿는다. 생각해보면 내가 누군가에게 영향력이 있는 사람으로 성장할 것이라는 것은 상상도 할 수 없었던 일이었다.

나를 성장시키는 제일 큰 열쇠는 적당한 결핍과 용기였다.

도전은 나를 디자인하고 다듬는 시간들이다. 쉽지 않았지만 용기 있게 시작했고 '살림디자이너 트윙폼'이라는 브랜드를 만들었다. 나는 선한 영향력으로 '할 수 있다'는 용기와 믿음을 심어주고 숨겨진 가능성을 찾아주는 사람으로 주부님들과 함께 성장하고 싶다.

3장
시간을 버는 정리습관

# 1. 삶이 달라지는 정리습관 ♡

내 공간을 정리하는 것은 내 삶을 정리하는 것이다. 내 마음이 곧 공간이고 내 공간은 나를 비추는 마음의 거울인 것이다.

정리는 가족을 위해 애쓰는 마음이다. 가족이 편하게 찾아 쓰고 정리할 수 있게 만들어주는 배려와 사랑이 담긴 마음이다. 정리는 마음을 편안하게 해주고 마음을 깨끗하게 치유하는 정화의 과정이다. 마음이 복잡하고 어지럽다면 더욱 정리를 해보라고 권하고 싶다. 현명한 비움은 불필요한 에너지를 끊어내는 힘이 있다.

효율적인 정리는 복잡한 것을 단순화시켜 노동을 줄이고 시간을 벌 수 있게 해준다. 정리가 노동이 되어 숙제처럼 해치워야 하는 일이 되면 힘들어진다. 예쁘게 보이기 위해서 노동과 시간을 들여서 하는 정리는 나를 더 힘들게 한다. 깔끔하고 예쁜 정리가 아닌 간편하고 효율적인 정리가 진짜 정리다.

정리를 못하는 이유는 다양하지만 그중에 대표적인 유형을 정리해보았다. 몇 개나 해당되는지 체크해보자.

## 정리를 못하는 12가지 유형

### 1. 정리를 시작도 못하는 미루기 유형

지금 내 공간을 둘러보자. '정리하기 힘드니 내일 하지 뭐'라는 생각을 했다면 당신은 정리를 시작도 못하고 미루는 유형일 확률이 크다. 정리가 어려운 사람은 물건이 많이 어질러져 있으면 정리하고 싶은 욕구가 생기기보단 시작하기조차 두려워한다. 물건이 많이 어질러져 있으면 더 정리를 하기 싫어진다.

물건이 많이 어지럽혀지기 전에 중간점검이 필요하다. 물건을 어지럽히는 습관부터 고친 다음, 미루지 않고 정리하는 습관을 들여야 한다. 사용한 물건을 바로바로 정리해보자. 사용한 물건을 바로 정리하는 습관을 만드는 것이 먼저다.

### 2. 정리를 하는 도중에 포기하는 중도포기 유형

정리를 하다가 중도에 포기하는 유형을 보면 두 가지로 나눌 수 있다. 첫째는 자신의 한계치보다 목표를 너무 높게 잡은 경우다. 예를 들어 하루에 10개 정도만 정리해도 지치는 사람이 20개를 목표로 정하면 도중에 포기하는 것은 어쩌면 당연하다.

이럴 때 해결책은 두 가지가 있다. 첫 번째는 목표치를 작게 잡는 것이다. 시작을 하고 마무리를 못하는 것은 시작을 안 하는 것만 못하다. 예를 들어 서랍 한 칸, 서랍 두 칸 등 목표치를 작게 잡아서 천천히 정리하자. 두 번째는 타이머 정리법이다. 상황에 맞춰 5분, 10분, 30분 등 시간을 정해서 정리를 하고 마무리하는 방법이다. 시간을 맞춰서 그 시간만 집중해서 정리하고 그 시간이 지나면 정리를 멈추고 마무리하는 방법이다.

정리를 중도 포기하는 유형의 두 번째는 성격의 영향이다. 산만한 사람들의 약점이자 단점은 하다가 중도에 포기를 한다. 나도 성격이 급한 탓인지 조금 산만한 면이 있어서 끝까지 일을 마치지 못하는 경우가 있다. 하던 일을 끝내지도 못하고 또 다른 일(예를 들어, 청소기를 돌리다가 급 생각난 다른 일을 하다가 청소기 돌리는 것을 까먹는다)을 한다. 지금은 기존에 하던 일을 찾아 마무리하는 훈련과 노력을 통해 끝까지 마무리하는 성격으로 바뀌었다. 가끔은 그런 버릇이 나올 때도 있지만 스스로 노력해서 고치는 방법밖에 답이 없다

### 3. 다시 어지럽히는 경우 되돌아가기 유형

열심히 치우고 다시 어지럽히기 유형의 대표적인 사람은 아이들이다. 엄마의 잔소리에 열심히 치우지만 금세 다시 어지럽힌다. 어른이 되어서도 어릴 적 습관 그대로 치우고 어지럽히는 일을 반복하는 어른들도 많다. 반복적으로 비효율적인 노동과 시간을 쏟으

며 일을 하는 것이다.

정리를 잘 못한다면 어지르는 습관부터 고쳐보자. 노력해서 고쳐야 한다. 한 번에 고치기는 힘들지만 조금씩 자신만의 규칙을 만들어야 한다. 예를 들어 책상에 물건이 5개 넘으면 치우기 등 자신만의 규칙을 만들어서 노력한다. 주변을 의식하면서 노력하다 보면 스스로 어지럽히는 버릇을 조금씩 고쳐 나갈 수 있다.

## 4. 공짜, 사은품 할인 등의 유혹에 넘어가는 충동적인 소비 유형

세상에는 정말 많은 유혹들이 있다. 하나를 더 주고 물건을 더 챙겨준다니 어찌 달콤하지 않은가? 물건 욕심이 없는 사람이라면 모를까 소유욕이 있는 사람은 견디기 힘든 매력적인 제안이다. 하지만 필요해서 유용하게 사용된다면 정말 이득을 본 거지만 불필요한 소비를 했다면 그것만큼 큰 손해가 없다.

행사상품은 지금도 쏟아져 나오고, 신제품, 할인 등의 유혹은 온라인 오프라인 할 것 없이 넘쳐나고 있다. 그 안에서 우린 현명한 소비를 해야 한다. 방송을 보면 지금 안 사면 후회할 것처럼 많은 것들을 챙겨주고 사는 사람이 이익을 보는 듯 구매욕구를 불러일으킨다. 필요하지도 않은데 구매하게 하는 부작용도 있다.

마트에 가면 1+1 행사상품이 많다. 필요한 물건을 세일이나 행사할 때 구매하면 돈을 버는 것이다. 반대로 충동적으로 구입했다면 돈을 버리는 소비일 수도 있다. 충동적인 구매는 반품&환불 등 대가를 치르게 한다.

## 5. 개인의 습관의 차이로 정리 습관을 만들지 않는 유형

정리를 안 하는 사람도 있어도 못하는 사람은 없다. 정리 습관은 하루아침에 바로 생겨나는 게 아니다. 어릴 대는 습관 만들기가 쉽지만 어른이 되면 습관 만들기가 쉽지 않다. 스스로 자각하고 정리하는 습관을 길러야 한다. 정리 습관을 만들지 못한 유형을 두 가지 꼽을 수 있다.

첫 번째는 정리의 필요성과 중요성을 알지 못하는 경우다. 부모가 다 치워주고 정리해주었다면 본인은 정리를 할 필요성도 중요성도 느끼지 못했을 것이다.

두 번째는 어릴 때부터 어질러진 공간에서 자랐다면 부모로부터 배우지 못한 경우다. 평소에 그렇게 살아왔기에 불편함을 느끼지 못한 경우다. 정리를 배우지 못해서 몰라서 못했다면 지금부터 하나씩 천천히 작은 것부터 시작해보자.

## 6. 정리할 공간을 생각하지 않고 채우는 불필요한 소비를 하는 유형

소비욕구가 강해서 무조건 채우는 것을 좋아한다면 이 유형에 속할 확률이 높다. 내 공간의 주인이 내가 아닌 물건이 되어버린다. 물건이 너무 많아서 스스로 감당이 안 되니 정리를 포기하게 된다. 정리를 못하는 것이 아닌 물건이 너무 많아서 스스로 정리를 못하는 것일 수도 있다.

### 7. 개인의 욕심으로 아까워서 비우지 못하는 유형

정리가 안 되는 유형 중에 상당히 많은 부분을 차지하는 유형일 것이다. 돈을 주고 물건을 샀으니 아까워서 비우지도 버리지도 못하는 사람이다. 아까워서 버리지 못하는 것은 물건의 소중함도 있겠지만 물건에 대한 집착과 욕심일 수도 있다. 누구나 다 물건을 비울 때는 아깝고 떠나보내는 건 쉽지 않다.

너무 쉽게 물건을 버리는 것도 문제지만 더 이상 사용하지 않고 쓸모없는 물건을 끌어안고 있는 것도 문제다. 더 이상 사용하지 않는 물건은 아깝다고 생각하지 말고 비워야 한다. 현명한 비움(나눔&기부)은 진짜 주인을 만날 수 있게 한다. 또한 비움은 또 다른 만남을 위한 설레는 기다림이다.

### 8. 언젠가 쓸지도 모르므로 비움 회피 유형

몇 번 사용하지 않거나 아예 사용하지 않고 방치해둔 물건들도 있을 것이다. 앞으로도 사용할 일이 없을 수도 있지만 비우는 것은 쉽지 않다. 언젠가 쓸지도 모른다는 막연한 생각이 물건을 비우지 못하게 만든다. 그런 물건 중에 사용되는 물건은 몇 프로도 안 될 것이다. 몇 프로의 쓰임을 위해 불필요한 시간과 공간을 낭비하느냐 마느냐의 선택은 오로지 나의 몫이다.

### 9. 세트구매 등 한 번에 많이 구입 후 쌓아두고 안정감을 찾는 유형

생활패턴에 따라서 단품보단 세트상품을 구매해서 잘 사용한다면 이득이 될 때도 있다. 대량구매의 대표적인 부작용은 자신의 안정감을 위한 도구로 사용하는 유형이다. 정리용품이나 물건을 세트나 색깔별로 구매해서 물건을 꽉꽉 채워 쟁여두고 안정감을 느끼는 사람들이다.

많은 양을 한 번에 사서 쟁여두니 정리가 되지 않을 뿐더러 제대로 둘 공간이 없어서 주변사람에게 나눠준다. 유통기한이 지나서 사용하지도 못하고 폐기하는 등 불필요한 소비를 하는 유형이다. 나눔은 좋지만 불필요한 소비까지 해서 나눔을 할 필요는 없다. 물건을 많이 채워야 마음이 편하다면 현명한 소비인지 아니면 자신의 안정감을 찾기 위한 소비인지 점검해볼 필요가 있다.

### 10. 필요와 불필요를 구분하지 못하는 현명한 비움을 모르는 유형

정리를 잘하는 습관 중 하나는 어떤 물건이 필요하고 불필요한 것인지를 구분해내는 것이다. 정리를 잘하는 사람은 물건의 필요와 불필요를 제대로 구분해서 물건을 현명하게 비우고 채울 줄 안다.

### 11. 정리의 즐거움, 만족감 등 정리가 주는 보상을 모르는 유형

정리가 주는 다양한 장점을 느껴보지 못한 유형이 여기에 속한다. 정리가 주는 편리함, 만족감, 즐거움 등 다양한 장점을 경험하면 정리의 재미뿐 아니라 장점으로 인한 보상을 맛볼 수 있다.

정리도 자신에게 맞는 방법을 찾아서 해야 효율적이고 효과적이다. 사람의 라이프스타일이 다 다르므로 정리 스타일도 모두가 다를 수밖에 없다. 어떤 이에게는 편리한 방법이 나에게는 안 맞을 수도 있다. 남들을 따라하기보다 남들이 하는 정리법 아이디어를 참고하도록 하자. 나만의 정리법을 찾아 효과적이고 효율적인 정리법을 만날 수 있을 것이다.

# 7단계 정리 & 분류법

정리를 잘하려면 계획적으로 단계적으로 목적을 가지고 해야 실패하지 않는다. 목적과 계획에 맞추어 나에게 맞는 속도로 7단계 정리법을 참고해 시작해 보도록 하자.

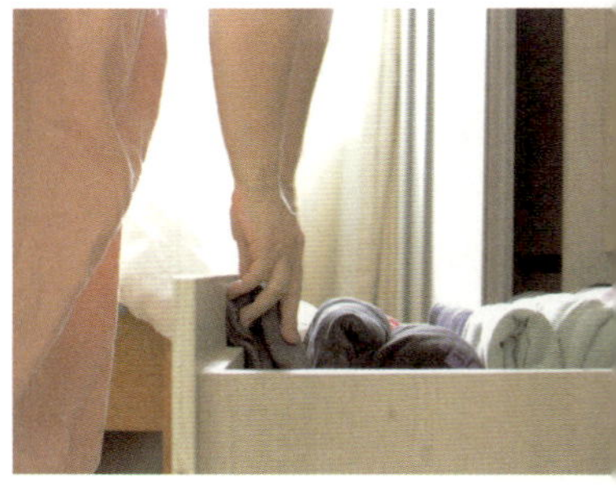

## 1. 정리할 공간을 정해 공간정리지도 활용하기

정리를 시작하기 전에 먼저 정리할 공간을 정한다. 정리할 공간이 정해졌다면 머릿속에 정리할 공간에 대해 기록(정리지도)하자. 예를 들어 정리할 공간이 서재방의 책장이라면 무작정 책을 다 꺼내지 말고 머릿속으로 공간정리지도를 활용해 정리를 해보는 것이다. 예를 들면, 제일 위칸은 어른 척, 자주 읽지 않는 책, 맨 아래쪽 두 칸은 아이들 눈높이에 맞게 아이들 책, 이런 식이다. 많은 시간을 들이지 않고 효율적으로 정리를 끝낼 수 있을 것이다.

## 2. 소유의 기준 정하기(욕심 비우기)

두 번째 단계는 소유의 기준을 정하는 것이다. 한두 번 사용한다고 해서 필요 없는 물건인 것은 아니다. 상황에 따라 어떤 물건은 몇 번 사용하지 않지만 꼭 필요한 것도 있다. 특히 소형가전은 가끔 사용하지만 버릴 수 없는 물건이다.

소유하고 있는 물건 중 우린 과연 몇 프로를 사용하고 있는가? 물건의 소유 기준을 정할 때는 감정적인 마음(욕심으로 인한 소유)과 이성적인 마음을 분류해서 생각해야 한다.

한창 블로그 활동을 할 때였다. 소형 믹서기 협찬을 받았다. 내가 사용하던 믹서기는 어머님이 주신 작은 것이었다. 믹서기를 협찬받은 새것으로 바꾸고 싶었지만 현명한 비움이 아니었다. 욕심을 내려놓고 새로운 믹서기는 집들이하는 필요한 친구에게 선물했다.

활용과 쓰임에 대해서 더 깊이 생각하고, 이성적으로 물건의 가치를 판단해야 한다. 못 버리고 못 비우는 이유를 내 안에서 찾아

야 한다.

단, 예외가 있다. 추억의 물건은 소유욕과는 별개다. 비우지 못하는 그 마음을 헤아려주는 것이 먼저다. 추억의 물건(의미가 담긴 추억의 물건&가슴 아픈 추억이 있는 물건 등)은 비울 때 엄청난 용기가 필요하다. 추억은 마음속에 영원히 간직하고 있으니 물건이 없어진다고 없어지는 것은 아니지만 쉽게 비울 수 없다. 의미 있는 물건을 비우는 것은 정답은 없다.

물건을 비우고 가족이 힘들어한다면 진정한 마음을 담은 물건이었을 것이다. 물건을 물건으로만 보지 말아야 한다. 가족의 물건을 비우고 정리할 때도 의견을 존중하고 기다려주는 일을 잊지 말자.

나에게도 비우지 못하는 물건이 몇 개쯤 있는데 결혼사진과 앨범, 아이들이 처음 입은 배냇저고리와 손싸개, 아이들 액자와 앨범은 아직도 잘 간직하고 있다. 아이들이 크면서 많이 사용하지 않게 된 장난감 수납장은 아이들이 비워내는 것을 아쉬워했다. 아이들의 애정이 듬뿍 담긴 가구이기도 했고 깨끗한 상태여서, 아이들 의견을 반영해서 몇 주간 더 사용한 후에 나눔을 했다. 어릴 때부터 물건의 소중함과 현명한 비움의 미학(물건을 떠나보내야 하는 때)을 알려주는 것도 중요한 교육이다.

## 3. 분류하기(사용 & 비움 & 나눔(판매))

3단계는 분류하기다. 분류할 때는 사용할 것(지금 사용하는 있는 물건들), 무엇을 비우고 (앞으로도 사용하지 않고 1~2년 정도 한 번도 사용하지 않은 것, 유통기한 끝난 물건 등), 나눔(판매)할 것 (사용하지 않지만 깨끗해서 누군가에게는 필요한 물건 등), 보관할 것(지금 사용하지 않는 계절 옷, 여행가방, 동생에게 물려줄 물건 등)을 구분하면 훨씬 효율적으로 정리할 수 있다.

정리하면서 비웠던 물건 중 후회하는 물건이 있었는데, 원목 틈새 수납장이었다. 정리하면서 블로그로 필요한 분에게 나눔을 했다가 몇 달 후에 새로 사고 싶었을 만큼 아쉬웠던 물건이다. 물건을 비울 때는 시행착오(다시 필요해서 구매, 비움의 후회)를 겪지 않기 위해서는 현명한 판단을 해야 한다.

집에서 비움 해야 할 물건 중 하나는 제품 사용설명서다. 요즘은 전자제품 사용설명서는 인터넷으로 볼 수 있으니 기간을 두고 비움 하는 것이 좋다. 다 쓴 통장이나 카드명세서는 바로 바로 정리해서 버리고 보험증권, 서류 등 편하게 상자를 만들어 해마다 정

리해보자. 비워진 상자만큼 상쾌한 기분도 채워질 것이다. 또한 전자제품은 무료수거를 이용하면 금액을 아낄 수 있다.

특히 유통기한이 지난 약, 폐의약품은 일반쓰레기로 버리거나 물에 흘려보낼

경우 땅과 물이 오염되므로 꼭 분리배출해야 한다. 땅과 물의 오염은 다시 우리에게 돌아온다. 약들은 보건소나 약국(안 받는 약국도 있으니 전화문의는 필수)에 갖다 주면 된다.

약상자를 정리할 때는 연고는 상자와 함께 보관해야 유통기한을 확인할 수 있으니 상자를 버리지 말아야 한다. 아이들 어릴 때는 감기약 등을 자주 먹으니 약병은 플라스틱을 줄이기 위해서 실리콘 약병을 구매해서 사용하면 위생적이고 쓰레기 없이 사용할 수 있다. (유튜브 영상 참조)

나눔은 공간은 비워내고 마음이 채워지는 일이다. 물건의 새로운 주인을 찾아주는 가치 있는 일이다. 물건은 가지고 있으면 성취감은 들지만 나눔은 나를 더 풍요롭게 한다. 나의 작은 마음이 누군가에게 큰 행복으로 전해질 수 있다.

- 무료 가구 수거 빼기 (오래된 가구나 훼손된 가구는 불가능)
  문의 : 1644-9560, https://gatda.com/
- 무료 폐가전 제품 처분은 정부 시행 무상수거 서비스 이용
  예약 문의 : 1599-0903,
  https://www.15990903.or.kr/portal/main/main.do

## 4. 수납할 공간 정하기

4번째 단계는 수납할 공간을 정하는 것이다. 물건 각자의 집을 찾아주는 일이다. 정리할 공간에 따라 사용자가 다르므로 그 공간의 사용자 라이프스타일에 맞게 정리를 해야 한다. 사용자의 스

타일에 맞게(사용자 연령, 성별, 동선 체크, 왼손잡이&오른손잡이 등) 효율적으로 정리를 할 수 있다. 사용자가 스스로 혼자 정리할 수 있도록 배려해주는 것도 정리에 포함된다.

### 5. 수납방법 정하기

5단계는 내가 편한 방법대로 정리하는 것이다. 사용자마다 편한 방법이 다르기에 자신만의 수납방법을 정해보자. 예를 들어 이불

장은 거의 내가 사용하므로, 내가 구분하기 편하게 정리하는 것이다. 두꺼운 이불은 접어서, 얇은 이불은 옷걸이에 걸어서, 내가 편한 대로 수납법을 정한다.

### 6. 수납하기

물건의 제자리를 정해 그 공간에 수납하는 단계이다. 5단계 수납방법에 맞춰 수납하면 된다. 가족들이 많이 사용하는 수납함은 모두가 편하게 사용할 수 있도록 투명이나 반투명을 선택해서 박스 앞에 라벨링 해주는 것도 정리 팁이다.

## 7. 비운 만큼 유지하기(유지습관 만들기)

제일 중요하고 힘든 단계다. 열심히 다이어트를 해서 살을 뺀 후 다시 찌우면 아무 의미 없듯, 공간을 비우고 다시 채우면 그 또한 의미가 없어진다. 비워진 공간이 어색하고 익숙하지 않아서 허전함에 다시 채우고 싶어질지도 모른다. 비운 공간의 허전함보단 여유로움을 즐길 수 있으면 좋겠다.

정리가 어렵고 힘들어서 할 수 없었다면, 이제 단계적으로 규칙적으로 순서에 맞게 해보자. 수월하게 정리를 해낼 수 있을 것이다. 미루지 말고 그때그때 바로바로 실행하는 습관이 정리의 진짜 마무리 종착역이다.

- 정리 = 비움 = 채움의 선순환이다.
- 정리 : 공간의 목적에 맞게 정리해주는 일은 가벼운 살림의 필수요소다.
- 비움 : 생각 쓰레기통에 생각을 비우듯 비움은 유통기한 지난 물건을 비우는 일이다.
- 채움 : (정리와 비움으로 인해 버는 시간) 나를 위해 투자하는 시간으로 채운다.

현명한 비움의 기술

SCAN ME

# 나만의 개수 규칙 세우기

물건의 필요도는 상대성이다. 누군가에게는 여러 개가 필요한 것이 또다른 누군가에게는 한두 개만 있어도 충분하다. 물건 개수의 규칙을 정해서 정리를 하면 많은 양의 물건을 만드는 일을 방지할 수 있다. 예를 들어 나는 주방에서 매일 사용하는 냄비는 6개 정도(사진용 냄비 빼고)로 정해놓고 몇 년째 지키고 있다.

물건 수집을 좋아해서 많이 모으는 사람도 있을 것이다. 그럴 때 한정된 양을 정해서 수집하고 보관해보자. 나 또한 요리 블로그를 했고 가끔 사진 찍는 아르바이트를 하기에 요리사진에 필요한 물건들이 많다. 나 같은 경우는 베란다에 선반 2개 정도를 넘지 않는 규칙을 세워 선반에 들어갈 자리가 없다면 기존에 있던 것을 비우고 채운다. 한정된 양을 정해서 그 정도만 보유하는 것으로 정해두는 것도 팁이다.

가족 중 한 사람이 물건을 너무 쌓아둔다면 강요보단 함께 조율하여 합의점을 찾아보자. 양과 규칙을 정해 서로가 편한 합의점을 찾아야 한다. 어떤 물건이든 양을 정하지 않으면 채워지는 물건에 익숙해져서 객관적인 판단이 흐려진다. 내가 보기에 필요 없는 물건 같아도 각자의 취향과 생각이 다르기에 그것을 존중해주는 것도 가족이 해야 할 몫이다.

# 관리할 수 있을 만큼 물건 구매하기

예쁘고 좋은 탐나는 물건이 넘쳐나고 있다. 미니멀하게 살고 싶지만 나는 지금도 사진 찍기 예쁜 소품이나 식기 등을 보면 눈을 떼지 못한다. 특히 예쁜 촬영소품을 보면 이성적인 판단을 하기가 쉽지만은 않다. 생각해보면 대체할 수 있거나 비슷한 소품이 있는데도 예쁘면 사고 싶은 것이 사람 욕심이 아닐까? 사진 찍을 때 내가 주로 사용하는 애정템인 주전자, 티팟은 더 이상 늘리지 않고 있다. 촬영한다고 그 많은 소품과 식기 등을 다 산다면 감당할 수 있을지 생각해보면 결코 쉽지 않은 일이다. 있는 물건을 잘 활용해서 촬영을 하고 구매는 최대한 자제하는 편이다. 지금도 2년 넘게 촬영소품을 구매한 적이 없다.

무조건 물건이 없다고 미니멀이 아니고 물건이 많다고 다 맥시멀도 아니다. 스스로 관리를 못하면 그건 내가 감당할 수 있는 물건의 한계치가 넘었다는 것을 인정해야 한다. 스스르 감당할 수 있을 만큼의 물건을 유지하는, 진짜 가벼운 살림을 하자.

# 1년에 한 번씩 moving day 정하기

"1년에 한 번씩 이사를 가자"는 말을 들으면 다들 놀랄 것이다. 내가 말한 이사는 진짜 이사 가는 것처럼 다 버리고 비우라는 것은 아니다. 이사를 앞두면 어쩔 수 없이 많은 것을 비우고 치우게 되니 그 마음을 이용하자는 뜻이다. 1년에 한 번 정도는 정리하는 날을 정해서 이사 가는 마음으로 정리를 시작했으면 좋겠다. 묵은 짐들, 쌓여서 수명이 다한 물건들이 많이 비워질 것이고, 비워진 만큼 마음도 개운하고 가벼워질 것이다.

이사비용 없는 이사, 필요한 공간을 확보하고 시간을 버는 moving day를 정해서 실행에 옮겨보자.

정리를 잘한다는 것은 깨끗하게 정리하는 능력만을 말하는 건 아니다. 정리를 잘하면 얻을 수 있는 다양한 능력 중 대표적인 것 6가지를 알아보기로 하자.

## 정리(정돈)로 얻어지는 6가지 능력

### 1. 취사선택능력

정리를 할 때 가장 기본적으로 필요한 건 여러 물건 가운데 쓸 것과 버릴 것을 분류하는 일이다. 바로 취사선택능력이 길러진다. 이런 분류작업은 누구에게나 필요한 능력이다. 공부를 하는 학생들에게는 무엇을 먼저 공부하고 나중에 공부할지 정하고 분류하는 것으로 활용된다. 직장에서는 먼저 해야 할 일과 나중에 할 일 등을 분류해서 효율적으로 일처리를 할 수 있다. 정리를 잘하다 보면 자연스럽게 취사선택능력도 높아진다. 취사선택능력 또한 훈련으로 길러진다.

## 2. 행동력 & 실천력 & 실행력

두 번째는 미루지 않고 바로 행동으로 옮기는 행동력을 꼽을 수 있다. 정리 습관이 되어 있는 사람은 미루지 않고 실천하며, 사용 후에 바로 물건을 정리하는 행동력을 발휘한다. 이는 성공한 사람들의 공통된 능력이기도 하다.

계획만 하고 실행하지 않으면 아무것도 얻을 수 없다. 계획만큼 중요한 것은 실행력이다. 실행하는 사람만이 목표를 달성할 수 있다. 미루기는 미루기를 더욱 강화시키며 미루는 습관을 만들 뿐이다.

## 3. 집중력 & 지속력 & 창조력

세 번째는 한 가지 일을 집중해서 꾸준하게 지속하는 능력이다. 어떤 일이든 꾸준함을 유지하는 것은 쉽지 않은 일이다. 정리를 꾸준하게 하는 일은 매일 깨끗한 공간을 의식적으로 만드는 것이다. 주위가 산만하면 머릿속도 정신없어 집중력이 떨어질 수밖에 없다. 책상이 깨끗하게 정리가 되면 "내가 집중할 수 있는 공간"이라고 뇌가 인식을 한다고 한다. 머리를 비워야 새로운 지식이 들어올 수 있듯 공간이 정리되어야 물건이 들어올 수 있다.

주위를 깨끗이 하고 집중해서 일을 한다면 속도는 물론 결과물의 차이가 확 달라질 것이다. 집중력과 지속력을 가지고 매일 조금씩 꾸준하게 한다면 어떤 일이든 해낼 수 있다.

집중력이 좋아지면 창조력도 발휘하게 된다. 어디에 무엇이 있고 어떻게 정리할지 생각하면 다양한 아이디어가 떠오른다. 아이디어는 일이나 살림뿐 아니라 공부를 할 때도 다양하게 적용된다.

## 4. 판단력 & 사고력 & 분별력

네 번째는 생각하는 힘이 상승한다. 정리를 할 때 물건을 구분하고 분별(사용할 것, 버릴 것, 나눔할 것 등 구분)하는 능력과 사물을 기준에 따라서 판단하는 능력(재활용, 대체품 등)이다. 정리를 하다 보면 두뇌를 많이 사용하여 사고력이 상승된다. 다양한 아이디어를 적용하여 편리한 나만의 정리법이나 꼼수 살림이 탄생된다. 판단력도 신중해져서 충동구매나 즉흥적으로 기분에 따라 물건을 구매하지 않게 된다.

정리를 잘하는 사람은 인간관계 및 인맥관리 정리도 잘한다고 한다. 인연을 맺고 끊는 것은 힘들지만 정리가 필요할 때는 과감히 정리를 하는 것도 중요하다.

## 5. 협동심 & 협상력

아이들도 서로 조율을 해가며 정리를 함께할 수 있다. 아침에 등원하며 큰아이가 작은아이의 물병을 챙겨주면 하교 후 작은아이는 언니가 벗어둔 옷을 제 옷과 함께 세탁바구니에 갖다 담는다. 아이들은 서로의 물건을 정리하며 협동심을 익힌다. 내가 이것을 하면 상대는 이것을 하고 서로 협상을 익히기도 한다. 서로에게 이익이 되는 협상은 일처리를 할 때도 중요하다. 우리가 살아가면서 꼭 필요한 협동심과 협상력을 정리를 통해 자연스럽게 터득하며 배울 수 있다.


## 6. 시간 활용 능력

여섯 번째는 효율적인 시간 활용 능력이다. 효율적인 정리는 물건을 쉽게 찾기 위해서 하기도 하지만 찾는 시간을 허비하지 않기 위한 것이기도 하다. 정리도 계획적으로 해야 시간을 아낄 수 있다. 계획적인 시간 활용은 나를 위한 투자다. 시간을 잘 활용하는 사람은 휴식과 충전, 도전, 목표 등을 정확히 분배해서 효율적으로 시간을 활용한다.

누구나 매일 같은 시간이라는 선물을 공평하게 받는다. 시간은 곧 돈이자 자산이다. 시간을 활용하지 못하는 사람은 매일 시간에 쫓기며 산다. 현재를 열심히 사는 것이 미래를 잘사는 것이다. 시간을 어떻게 활용하느냐 따라 나의 미래가 달라진다.

# 정리된 공간이 주는 가치

## 1. 마음의 여유

깔끔한 인테리어의 기본은 '정리'다. 인테리어와 정리는 서로 순환 관계이다. 집이라는 공간은 사람과 분리해서 생각할 수 없다. 집이라는 공간은 나 혼자 만드는 것이 아니라 서로의 소통으로 만들어진다. 집이라는 정리된 공간은 우리에게 심리적 안정감, 마음의 여유를 느끼게 해준다. 정리된 공간은 언제든 손님이 와도 스트레스 없이 맞이할 수 있다. 마음이 평화롭고 여유로우면 어떤 일이든 새롭게 시작할 수 있는 용기와 할 수 있다는 자신감도 생긴다.

## 2. 깔끔한 주거환경

집은 가족에게 생활의 활력소가 되는 공간이다. 깔끔한 주거환경은 가족들이 매일 에너지를 충전할 수 있는 따뜻하고 행복한 공간을 만들어준다. 깨끗한 공간은 부부싸움이나 아이들끼리의 싸움 등 가족 간의 싸움을 많이 막아준다고 한다. 어질러진 공간의 에너지가 심리적으로 사람의 감정을 날카롭게 만들기 때문일 것이다. 깔끔한 환경은 서로 간의 생활의 질서를 만들어주고 가족 간의 평화를 갖게 해준다.

## 3. 긍정에너지 발산

정리된 공간에서는 긍정에너지가 발산된다. 매일 생활하는 내 공간에서 좋은 에너지를 받는다면 기쁜 일이다. 편안하고 깔끔한 공간은 긍정의 에너지를 얻지만 질서와 규칙이 없이 어질러진 공간은 부정적 에너지를 뿜어낸다. 공간을 깨끗하게 정리하는 것만으로도 긍정에너지를 매일 받으며 살고 있는 것이다.

## 4. 시간과 금전의 절약

올바른 정리는 노동과 시간뿐 아니라 금전까지 아껴준다. 물건 사용 후 제자리에 정리를 하지 않는다면 시간과 노동, 물건을 못 찾아서 받는 초초함과 불안감 등의 스트레스까지 불필요한 에너지가 낭비된다. 정리만 잘했어도 물건을 못 찾아서 다시 재구매 하는 일은 없으니 가계에 도움이 된다. 정리를 잘하면 틀림없이 많은 것이 절약된다. 정리가 주는 장점이다.

## 5. 가족들의 자립심

공동체에서의 가사분담은 당연한 일이다. 집이라는 공간은 가족이라는 공동체가 살아가는 공간이기에 혼자서 모든 것을 다 할 필요는 없다. 모든 것을 다 정리해주는 것은 가족들의 자립심을 키우는 데 방해되는 잘못된 행동이다. 스스로의 공간을 정리(가족에게 역할분담)하는 것은 자립심이 키워지는 일이자, 주부인 나에게는 가사분담이 되는, 일이 덜어지는 효과가 있다. 함께하기 위해 도움을 요청하는 일은 부담을 주는 일이 아닌 상대를 믿고 존중하는 일이다.

**가족 정리습관 만들기 프로젝트**

- 정리 : 사용자(가족)들 각자가 편리하게 정리할 수 있게 도와주기
- 기다림 : 스스로 혼자 할 수 있을 때까지 진심을 담아 격려하며 기다려주고 칭찬해주기
- 주의 : 하고 싶지 않게 만드는 것도 나의 행동, 눈빛, 말에서 느껴질 수 있으니 주의해야 한다.

이번에는 우리집의 공간별로 정리하는 간편한 방법들에 대해 소개해볼까 한다. 집의 얼굴이라고 할 수 있는 현관부터 시작하여 욕실, 아이방, 주방 등 방법만 알면 '정리가 이렇게 쉬운 거였어?' 하며 놀라게 될 것이다.

## 우리집의 예쁜 얼굴 : 현관정리

현관은 가족뿐 아니라 손님에게 제일 먼저 보여지는 우리집의 얼굴 같은 공간이다. 현관은 가족들이 아침에 상쾌한 기분으로 출발하는 공간이자, 행복하고 즐거운 마음으로 하루를 보내고 돌아오는 공간이 되길 바라는 마음으로 정리를 한다. 하루의 시작이 하루의 기분을 결정짓는다. 퇴근 후에 깔끔한 공간을 보며 기분 좋은 시작을 다시 할 수 있게 만드는 곳도 현관이다.

우리나라는 신발을 벗고 들어오는 문화이기에 현관정리는 손님을 위한 배려이자 손님에 대한 예의가 담겨 있다. 현관이 깨끗해야 복이 들어온다는 말도 있듯이 제일 신경 써야 할 공간이 바로 현관이다. 가족뿐 아니라 언제든 손님을 반갑게 맞아줄 수 있는 공간인 현관을 깨끗하게 유지하는 것은 나에게 의미가 있는 일이다. 현관이 깨끗한 집은 집도 깨끗하다. 정리를 잘하는 사람들은 현관정리도 깔끔하게 잘한다. 집에 들어와 제일 먼저 보게 되는 공간인 현관이 깨끗하게 정리된 것만으로도 기분 좋은 에너지를 전해줄 수 있다.

매일 깨끗한 현관정리, 아주 간단하게 끝낼 수 있는 5가지 방법을 소개하려 한다.

## 1. 신는 신발 외에는 정리

자칫 정리에 소홀하면 금세 어질러지는 공간이 현관이다. 신발만 잘 정리해도 청소와 정리가 수월하고 깔끔하다. 신발은 매일 신는 신발 외에는 정리해두는 게 좋다. 물론 자주 신고 벗는 슬리퍼나 매일 신는 운동화는 한쪽에 깔끔하게 정리해둔다.

신발정리는 아침 저녁으로, 하루에 두 번 정도 한다. 매일 아침에는 내가 정리와 청소를 하고, 저녁에 모두 퇴근한 후에는 우리집 둘째가 당번을 맡아서 한 번 마무리 정리를 한다. 외출에서 돌아오면 바로 신발을 벗고 자동적으로 신발장에 신발을 넣도록 습관을 들여야 두 번 일하지 않는다. 신발정리는 몇 초만 투자해도 깔끔한 현관을 만들 수 있다.

## 2. 신발은 사용자별, 특성에 따라 수납

신발은 잘 선택해서 구매해야 하는 품목 중 하나다. 지금 신발장을 열어보자. 신는 신발이 몇 개인지 신지 않는 신발이 몇 개인지 체크해보자. 아마 신지 않는 많은 신발을 쟁여두고 있을 것이다. 예뻐서 샀는데 발에 맞지 않지만 비싸서 비울 수 없다거나 신지 않는 신발을 사서 두고 있는 건 아닌지. 앞으로도 신을 신발만 남겨두고 정리하면 한결 신발장이 가벼워질 것이다.

신발을 정리할 때는 사용자별(어른, 아이 등) 특성에 맞게 종류(구두, 운동화, 부츠 등)별로 수납하면 편리하다. 신발이 많다면 사용자별 사용빈도에 따라 분류해서 정리를 하는 것이 좋다. 자주 신는 신발은 내 눈높이에 맞게, 자주 신지 않고 가끔 신는 신발은 위쪽으로 정리해두면 좋다.

아이들 신발은 아이들 눈높이에 맞게 아래쪽에 수납한다. 아이들 신발은 다음해에 발이 커져서 신을 수 없으므로 그해에 계절이 지나면 바로 비워준다. 아이들 운동화는 봄, 가을 한 해에 두 번 신을 수 있다. 하지만 여름신발은 다음해에 발이 커져서 신을 수가 없게 되므로 여름이 지나면 바로 비워준다. 아이들 신발은 각자 계절에 맞춰 운동화는 두 개 정도 구비하여 사용하고 있고 그

때 그때 비우거나 없으면 사서 채워준다.

아이들은 발 모양이 다르므로 물려받는 건 좋지 않다. 옷은 물려 입혀도 신발은 물려주지 않는다. 큰아이는 나를 닮아 놓이 넓고 작은아이는 발 볼이 없어서 언니 신발을 물려 신으면 발이 맞지 않아 불편해한다. 발모 양에 따라서 운동화가 늘어나기에 신발은 물려 신지 않는 게 좋다.

우리 부부는 각자 하는 일이 신발이 많이 필요하지 않아서 신는 신발과 구두 한두 개 정도만 구비해서 사용중이다. 물건뿐 아니라 신발도 불필요하게 채우지 않으려고 노력한다. 신발장 정리에 중 요한 팁은, 싸다고 예쁘다고 불필요하게 구매하지 말고 주기적으 로 비우고 정리해두는 것이다.

아랫칸에서 제일 위는 첫째아이, 두 번째 칸은 둘째아이 공간

신랑과 내가 사용하는 윗쪽 공간

신발정리 도구를 구매하기 보다 는 상자를 재활용(우유팩이나, 페트병 등)해도 충분하다.

## 위생적이고 간편한 욕실정리

화장실은 우리 가족을 위한 공간이기도 하지만 손님을 위한 배려의 공간이기도 하다. 손님이 온다면 우린 제일 먼저 화장실 청소와 바닥에 어질러진 물건부터 정리하기 시작할 것이다. 손님이 온다는 마음으로 매일 화장실을 깨끗하게 관리하는 게 가장 좋은 방법이다. 무엇보다 중요한 건 매일 조금씩 미루지 않으면 묵은 청소를 하느라 힘 빼지 않고 위생적으로 사용할 수 있다.

우리집은 옛날 빌라라 화장실이 하나다. 여유분의 화장실이 없으니 더욱 신경 써서 사용하고 있다. 매일 아침에 온 식구가 물을 쓰고, 하교 후에는 아이들이, 저녁에는 퇴근하는 신랑과 내가 물을 사용한다. 종일 물을 많이 사용하기에 신경 써서 말려주지 않으면 금세 물때와 곰팡이가 번식한다. 화장실은 통풍과 환기만으로 물때와 곰팡이 걱정을 덜 수 있기에 매일 환기 통풍은

필수다. 창문이 있어서 매일 열어두지만 창문이 없다면 환풍기를
자주 켜놓는 게 좋다.

## 변기청소

우리집은 여자가 세 명이라 변기청소에 더욱 신경을 쓰고 있다. 매
일 아침 변기커버는 구연산수(물 20Cml + 구연산 5ml 희석)를
분무기로 뿌리고 변기 안은 베이킹 소다 두 스푼을 넣고 10분 방
치 후 변기를 내려주면 물때가 끼지 않는다. 세면대 주변은 물때
가 끼지 않도록 세수를 마치고
그 수건으로 거울을 닦고 세면
대를 닦으면 물때가 끼지 않는
다.

저녁 샤워 후 샴푸가 묻은 바
닥은 가볍게 솔로 닦아 물청소
를 하고 스퀴시로 물기를 제거

하면 물때 걱정 없다. 배수구는 샤워 후 머리카락을 바로 비우고
일주일에 두 번 정도 구연산을 뿌리고 따뜻한 물로 흘려보낸다.
조금씩 청소를 하면 대청소 스트레스 없이 관리할 수 있다. 욕실
화는 청소가 편하게 구멍이 없는 것을 선택허서 한 달에 두 번 과
탄산소다에 담가 세척을 한다. 욕실화는 미끄럽지 않고 잘 마르는
재질을 선택해서 사용하면 좋다.

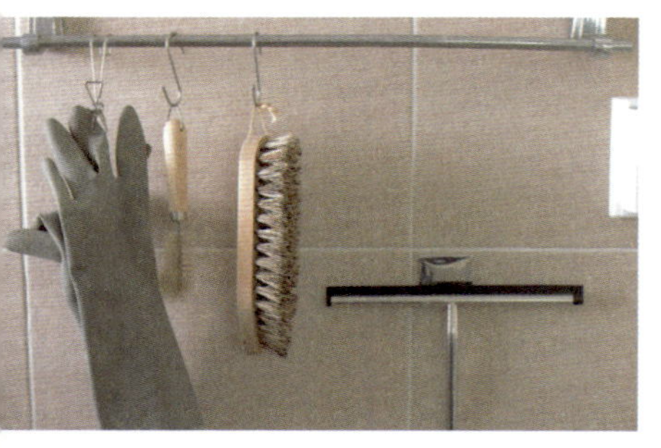

욕실용품은 최소화하고 모두 공중부양을 해야 청소뿐 아니라 관리와 정리가 편하다. 청소할 때마다 하나하나 물건을 치우고 다시 정리하는 건 여간 귀찮은 일이 아니다. 소모되는 노동과 불필요한 시간까지 여러모로 참 실용성 없는 일이다. 욕실은 물을 자주 사용하기에 물건을 바닥에 두면 분홍 물때가 끼고, 여름에 조금만 미뤘다가는 곰팡이가 생긴다.

우리집은 세정제나 바디제품, 샴푸와 린스도 모두 비누제품으로 벽걸이 자석 공중부양으로 사용하고 있다. 비누제품을 사용하면 플라스틱 쓰레기가 많이 나오지 않아서 가장 좋다. 청소용품까지 모두 공중부양해서 사용하고 있으니 정리도 편하다.

화장실 쓰레기통은 위생에 더 신경 써야 하는 부분이다. 바닥에 두면 청소할 때 이동하기도 불편하고 물때 등 위생적으로도 좋지 않다. 화장실 휴지통은 너무 크지 않은 제품으로 공중부양해서 사용하면 위생적이다.

## 신랑이 해주는 주1회 물청소

화장실 청소는 그때그때 조금씩 하고 주1회 신랑이 청소를 해준다. 결혼 후 임신하고 입덧이 심할 때 신랑과 조율해서 결론 내린 집안일이 화장실 청소다. 평소에 집안일을 거의 도와주지 못하니 공동체 일원으로서 자기가 책임지고 맡은 일이다. 일주일에 한 번 대청소는 물 + 과탄산소다 1:2로 한다. 천연세제만으로도 충분히 물때 걱정 없이 청소할 수 있다.

## 수건과 칫솔은 화장실 밖에서 사용

습기가 많은 화장실은 건조가 더디기에 칫솔은 화장실 밖에서 사용하고 있다. 칫솔과 치약은 위생적으로 화장실 앞 수건 수납함 옆에 자리를 마련해 두어서 사용하고 있다. 칫솔은 특히 세균번식에 유의

해야 하므로 살균기를 사용하고, 살균기는 구연산수로 매일 닦아 준다. 수건도 습기가 많은 화장실보다 밖에서 사용하는 것이 좋다. 화장실 안에 수건을 놓지 않으므로 밖에 손을 닦는 작은 수건을 걸어둔다.

## 선반 위는 가족 화장대

안방 화장대 서랍장을 비운 후에 가족이 함께 사용할 수

있도록 화장품 바구니를 구비해 두었다. 온 가족이 씻고 나와서 바로 화장실 거울을 보고 화장품을 바를 수 있어서 별도로 거울이 없어도 불편함이 전혀 없다.

## 가볍고 실용적인 옷정리

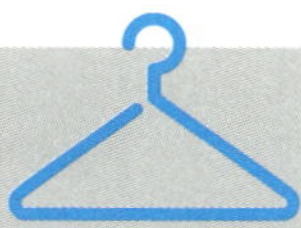

**옷정리 대분류 2단계**

- 대분류 1단계 : 장롱과 서랍장에 넣을 옷을 먼저 분류
- 대분류 2단계 : 옷걸이에 걸어둘 옷, 접어 보관할 옷 분류
  (양복, 패딩, 코트, 점퍼, 원피스, 니트, 가디건, 스웨터 등)

**옷정리 소분류 3단계**

- 소분류 1단계 : 아이옷, 어른옷 분류
- 소분류 2단계 : 계절별 분류, 등산복, 외출복, 작업복 등 분류
- 소분류 3단계 : 속옷, 양말 등을 분류

대분류, 소분류를 거친 후, 본격적으로 옷정리를 하는 8가지 방법을 소개하려 한다. 옷장 정리는 한꺼번에 하려고 하면 지치고 힘드니 조금씩 틈틈이 계절별로 정리하는 것을 추천한다.

## 1. 옷장 맥시멀 법칙 (최대 80% 채우기)

옷장의 최대 80%만 채우는 규칙이다. 옷장도 비만을 탈출해야 한다. 옷을 빽빽하게 걸어두면 옷장 안에서 통풍이 되지 않는다. 틈이 없으면 좀먹거나 곰팡이가 생길 수 있다. 여유롭게 간격을 두고 옷을 걸어두어야 한다. 너무 꽉 차 있으던 옷을 찾고 고르는 시간도 많이 허비될 수 있다.

## 2. 비울 것, 나눔(판매)할 것, 보관할 것 분류하기

**보관할 옷**

옷걸이에 걸어둘 옷, 서랍에 접어서 보관할 옷을 구분한다. 옷을 보관할 때는 신문지를 깔거나 보습제를 함께 넣으면 습기관리에 도움이 된다. 계절옷 뿐 아니라 터울이 있는 동생에게 물려줄 옷은 상자에 보관해 두었다가 입힐 때 꺼내서 정리하면 공간활용에도 좋다.

**옷종류별 보관법**

1) 니트류: 쉽게 늘어나면 원상복구가 힘든 소재이므로, 옷걸이에 걸어두는 것보다 서랍이나 선반을 활용하는 게 편리 하다. 옷걸이에 걸고 싶다면 옷을 펼친 상태에서 반을 접은 다음 겨드랑이 쪽으로 옷걸이를 놓고 팔과 몸통 부분을 옷걸이의 한 면씩 걸쳐 놓으면 늘어짐 없이 걸어 보관할 수 있다. 곰팡이가 생기기 쉬운 소재로 옷과 옷 사이에 습기를 흡수해주는 신문지를 껴서 보관하는 것이 좋다.

2) 패딩류: 장시간 걸어 놓을 경우 충전재가 아래로 쏠릴 수도 있다. 종이가방(안 쓰는 캐리어나 가방), 양복커버, 상자 등에 접어서 보관하는 것이 좋다. 접힌 공간은 신문지를 넣어 습기를 빨아들일 수 있도록 해주면 좋다. 세탁 후 통풍이 잘되는 서늘한 곳에 말리고, 크리닝한 옷은 비닐을 벗기고 하루 정도 베란다에 약품을 날려보내고 보관해야 한다.

3) 가죽류: 가죽은 곰팡이에 취약한 재질 중 하나로, 습기제거제를 함께 넣어두면 절대 안 된다. 습기제거제 성분에 가죽 의류 표면이 굳어 상할 수 있으므로 습기제거제와 떨어뜨려 보관을 해야 한다. 가죽제품끼리 상하지 않도록 간격을 두고 보관하고, 직사광선이 닿을 경우 소재가 변질될 수 있으니 주의해야 한다. 비닐커버는 피하고 필요할 경우 부직포 커버를 추천한다.

4) 밍크류: 보관용 커버에 보관하면 털이 망가질 수 있기에 커버는 사용하지 말고 장롱에 다른 옷과 여유롭게 간격을 두고 보관한다. 옷걸이는 어깨 부분이 둥근 옷걸이가 좋고 통풍이 잘되고 습기가 없는 곳에 보관하는 게 좋다.

5) 실크류: 흡수성이 좋은 성질이 있으며 곰팡이나 세균 번식에 약하게 만든다. 옷장이 습하다면 제습제를 넣어두고 습도가 높지 않게 관리해야 한다. 자외선 노출은 금물이다. 자외선에 노출되면 변색이 일어나니 어두운 곳에 보관한다. 통풍이 중요하므로 접어서 쌓지 말고 걸어서 보관해야 한다. 다림질이 필요한 경우 의류 겉면을 아래로 가도록 뒤집어 깔고, 그 위에 면으로 된 천을 한 장 더 올린 후 낮은 온도로 다림질을 해야 한다.(다림질이 서툴다면 세탁소 추천)

6) 모직류: 모직은 주름이 잘 잡힌다는 특징이 있으므로 접어서 보관하지

않는다. 옷장에 보관하기 전, 공기가 잘 통하는 곳에 걸어 냄새와 습기를 빼준 후 부직포 커버를 씌운다. 부직포가 없다면 뒤집어서 걸어두는 것도 방법이다. 길이가 길어서 옷장 바닥에 끌려 접히는 부분이 없는지 주의한다. 주머니 속에 방충제를 넣어두면 좋다.

7) 벨벳류: 섬세한 소재인 벨벳 의류는 주변에 충분한 여유 공간을 확보해주어야 한다. 보관할 때는 부직포 커버를 씌워주는 것이 좋고, 다른 옷들 사이에 눌리지 않도록 주변을 여유롭게 비워둔다. 접어서 보관하는 것은 절대 금물이며, 틈틈이 꺼내 통기가 좋은 곳에 걸어 습기를 날려주는 것이 좋다.

## 비울 옷

옷장의 옷 중 안 입는 옷이 얼마인지 지금 당장 점검해보자. 취향은 잘 변하지 않는다. 우리는 습관적으로 입는 옷만 입기 마련이다. 안 입는 옷들이 자꾸 생

기는 것이다. 옷이 없는 게 아니라 안 입는 옷이 많은 것이다. 과감하게 비움할 옷들 점검이 필요하다.

유행이 지나서 안 입고 앞으로도 입지 않을 옷은 과감히 비우자. 작아진 옷을 살 빼면 입는다는 핑계로 비우지 못하는데, 살 빼고 더 예쁜 옷 사 입으면 된다. 이쁘다고 사 놓고 보기만 하고 입지 않았다면 과감하게 비워야 한다. 이쁘지만 나에게 어울리지 않거나 내 체형에 어울리지 않아서 입지 않는 옷도 비운다. 위생상태가

안 좋은 옷, 낡아진 옷, 불편한 옷, 늘어진 옷 등을 과감히 비우자. 옷을 후회 없이 비우는 방법으로, 두 해 정도 지난 후 여름옷은 가을에 정리하고 가을옷은 겨울이 올 때 정리하면 좋다. 한 해 안 입었다고 비웠다가는 자칫 후회할 수도 있다. 두 해 정도 안 입은 옷은 더 이상 앞으로도 입을 확률이 없다고 생각한다. 한 해보단 두 해가 지나고 두 해를 안 입었을 경우 비우는 것을 추천한다.

### 나눔(판매)할 옷

깨끗하게 입어서 새것 같은 옷, 한 번도 입지 않았던 옷 등 옷 상태를 보고 판매나 기부&나눔을 할 수 있다. 정장은 아름다운가게에서 기부를 받으니 안 입는 정장은 기부하는 것도 좋은 방법이다. 판매는 헌옷수거 판매나 중고장터나 중고

거래 사이트 등을 이용해서 판매를 할 수도 있고 깨끗한 옷은 기부할 수 있다.(142p 참조)

### 3. 서랍장은 세로 수납

옷을 겹쳐 놓으면 옷이 얼마나 많은지 한눈에 안 보인다. 서랍장 세로 수납은 옷 양을 한눈에 파악할 수 있으므로 구매욕구를 줄여

주는 장점도 있다. 사람마다 자기의 옷 취향이 있기에 자신도 모르게 비슷한 옷을 많이 구매하게 되는데, 세로 수납을 통해 구매를 줄일 수도 있다. 더불어 세로 수납을 하면 공간 활용에도 좋다. 서랍장은 사용자별 계절별 종류별로 구분해서 세로 수납을 하자. 정리할 때도 편하지만 한눈에 옷이 보이므로 각자 자기 옷을 편리하게 찾아 입을 수 있다. 우리 가족은 내옷, 신랑옷을 한 칸씩 사용하고 있다. 아이옷은 내복과 잠옷을 함께 코관하고, 봄가을옷, 겨울옷, 여름옷 등 4칸을 계절에 맞춰 편하기 바로 찾아서 입을 수 있도록 정리해 두었다.

옷을 정리할 때 수납장이 부족하다면 계절 옷은 따로 보관해서 계절에 맞춰 바꿔주기만 하면 수월하게 서랍장 정리를 끝낼 수 있다.

## 4. 종이가방 활용

플라스틱 수납함을 구매하지 않고 집에서 쉽게 찾을 수 있는 종이가방을 활용한다. 가벼워서 사용하기 좋고 크기가 다양해서 맞는 크기를 선택하기도 좋다. 높으면 접어서 높이를 맞추기만

하면 된다. 지금 사용중인 종이가방도 몇 년째 문제없이 잘 사용하고 있다. 수납함을 구매하지 않아서 금전적으로 절약될 뿐 아니

라 더러워지면 재활용으로 비우면 된다.

수납함으로 사용할 종이가방은 두꺼운 재질을 선택해야 흐물거리지 않아 오래 사용할 수 있다.

종이가방은 서랍장의 칸막이 역할로도 사용할 수 있다. 세로 수납이 익숙하지 않다면 꺼낼 때 더 신경 써야 한다. 그럴 때는 종이가방을 이용해서 칸막이로 활용하면 옆줄에 있는 옷이 흐트러질 일이 없다. 아이가 어릴수록 옷장의 옷을 꺼내다가 흐트러질 수 있으므로 칸막이를 활용하면 좋다. 얇고 가벼워서 공간도 차지하지 않고 유용하게 사용할 수 있다. (225p 참조)

## 5. 속옷, 양말 정리

양말과 속옷은 선물로 들어오기도 하고 한 번에 살 때 낱개구매보단 세트나 묶음으로 사는 경우가 많으므로 사용할 양만큼만 정리해두는 게 가장 좋다. 모두 정리해두고 사용하다 보면 몇 번 입지도 않고 신지도 못했는데 작아서 버리게 되는 경우도 많아진다.

지금 서랍을 한번 열어보자. 꽤 많은 양의 양말과 속옷을 사용하고 있을 것이다. 있는 대로 모두 사용하면 나중에 새것과 헌것이 섞여서 정리(낡고 작아진 것을 비움하는 날)를 해야 한다. 현재 사용할 양만 사용하면 정리(비움하는 날)할 시간과 노동을 낭비하지 않게 된다. 어린아이들일수록 많은 양을 사용하다 보면 낡기보단 작아서 버리게 되는 양말이나 속옷이 생길 수밖에 없다.

처음부터 사용할 양만큼만 정리해두면 관리하는 양이 작아져서 편하고, 낡아지면 바로 새것으로 교체하면 되니 편리하다. 새 속옷이나 양말은 따로 상자에 보관해서 낡아서 버려지는 속옷이나 양말이 있을 때 비우고 채워주면 된다. 보관하다가 작아진 양말이나 속옷은 새것이니 나눔으로 필요한 사람에게 쓰이니 좋고, 살림하는 사람은 시간과 노동이 줄어드니 여러모로 효율적인 방법이다. (네모칸 재활용 살림팁 226p 참고)

- 양말은 발목이 늘어나거나 발이 작아진 것은 청소용으로 사용 후 비우면 좋다. (재활용 아이디어 228p 참고)

## 6. 옷 양에 집착하지 않기

사람들은 물건에 대한 양과 개수에 많이 의식을 한다. 물건의 양이 작아야 미니멀라이프고 물건 양이 많으면 미니멀라이프가 아니라고 생각한다. 양은 본인 라이프스타일에 따라 다르다. 개수가 많고 적고는 본인 기준이므로 정답은 없다.

가벼운 옷장은 내가 감당할 수 있는 만큼의 적정수준 양을 정해서 그 정도로 유지하면 된다. 100벌의 옷이 누군가에게는 너무 많은 양일 수 있고 누군가에게는 작은 양일 수 있다. 안 입는 옷을 쟁여두는 것이 문제지 모두 입는다면 그 양이 문제가 되지 않는다.

관리하기 힘들 때는 나를 위한 옷장규칙을 세워보자. 첫 번째는 서랍이나 장롱 칸을 정해 그 칸만큼 사용해본다. 두 번째는 옷걸이 개수를 정해서 그 옷걸이만큼만 사용하는 방법도 있다. 세 번째는 개수를 정해서 그 양만큼 채우는 방법이다. 나는 직장을 다니지 않기에 많은 옷이 필요하진 않으므로 접는 옷들은 서랍 한 칸에 보관하고 걸어두는 옷은 저 칸만큼 유지하는 규칙을 세워 실행하고 있다. (상단의 사진 참고)

요즘은 옷(가방) 대여 서비스도 이용할 수 있다. 특별한 날, 외부 미팅 등 중요한 날에 몇 번 입지 못할 옷이 필요할 때는 구입하기보단 패션 대여 사이트 '클로젯셰어'을 이용해서 대여하는 것도 좋은 방법이다.

## 7. 한꺼번에 옷 비우지 않기

계절이 지나 옷정리를 할 때 집에 있는 옷을 한꺼번에 많이 비우고 싶은 욕구가 생길 때가 있다. 급히 먹는 밥이 체하듯 정리도 너무 급하게 하면 부작용이 나기 마련이다. 옷장을 정리할 때 적당량을 비우는 것이 좋다. 많은 양을 한 번에 극단적으로 비우고 나면 더 허전한 맘에 다시 옷을 구매하게 될 수도 있다. 현명하게 자기 속도에 맞춰서 비우고 구매할 때도 현명하게 판단해서 예쁜 쓰레기를 구매하지 않도록 한다.

인터넷 기사를 보니 매년 생산되는 옷이 1,000억 개면 버려지는 옷은 330억 개라고 한다. 우리가 얼마나 많은 돈을 버리고 있는지 깊이 반성해야 한다. 옷을 만들 때 들어가는 사람들의 노동, 배출되는 유해 가스, 물 등의 자원낭비 또한 깊이 생각해봐야 한다.

옷을 버릴까 입을까 고민되는 옷은 바로 비우지 말고 보관기간을 가져보자. 상자나 바구니에 보관 후 옷을 떠나보낼 확신이 생겼을 때 떠나보내도 늦지 않다. 여유를 가지고 비워야 미련도 후회도 남지 않는다. 이때 보관은 안이 보이는 바구니를 활용하는 것도 잊지 말자. 잠시 보관하려다가 잊고 방치될 수도 있다.

## 8. 비운 양만큼 다시 채우지 않기

정리의 종착역은 유지하기다. 옷정리가 끝났다고 다 끝난 게 아니다. 열심히 옷장 다이어트를 했다면 그만큼 잘 유지해야 한다. 실천이 중요하다. 비운 후 자신에게 맞는 개수 규칙만큼 유지하며 가벼운 옷장을 만났으면 좋겠다.

# 똑똑한 이불정리 & 이불관리

우리집 이불은 건조기 덕분에 손님용으로 한두 개 여분정도 빼고
는 그때그때 세탁해서 사용하고 있다.
이불 정리는 유튜브에 자세하게 다루었
는데 참고하면 좋을 것이다.

이불정리 수납 노하우

## 이불세탁

잠을 잘 때 매일 피부에 맞닿는 침구는 오염에 취약하다. 청결하
게 관리하지 않으면 피부문제, 호흡기 질환도 생길 수 있다. 자면
서 흘리는 땀으로 이불 솜이 오염되기도 하고, 몸에서 나오는 각
질과 땀은 진드기가 서식하기 좋은 환경이다.

이불뿐 아니라 베개커버 관리도 중요하다. 두피에서 나오는 노폐
물과 각질 또한 각종 세균들이 쉽게 번식할 수 있는 환경을 제공
한다. 주기적으로 세탁하고 관리(교체)하는 것이 중요하다.

침구는 적당한 세탁과 관리는 필수다. 이불은 주 2~3회 정도 털어
준다.(건조기, 이불청소기 사용) 세탁은 월 1회(계절에 따라 횟수
늘려주기) 정도 하고 있다. 건조기를 사용하지만 진드기는 자외선
에 약하므로 가끔 햇볕에 2~3시간 자연 소독도 시켜주고 있다.

### 이불 교체시기

이불은 세탁 주기도 중요하지만 교체주기도 중요하다. 이불은 5~7년마다 종류나 상태에 따라 교체해주어야 청결하게 사용할 수 있다. 솜이불의 경우 솜이 뭉치면 골고루 열이 가지 않아서 역할을 제대로 하지 못할 뿐 아니라 뭉친 솜은 진드기 번식을 활발하게 하므로 교체해주는 것이 좋다. 이불이 찢어지거나 보풀이나 바랬다면 교체할 시기가 된 거다.

### 베개커버 세탁

잘 때 머리카락은 물론 각질, 비듬 등이 떨어지므로 베개커버는 자주 세탁해야 한다. 우리 피부의 각질을 먹고 사는 곰팡이나 진드기가 생겨나면 눈과 피부가 간지러운 등의 피부 알레르기, 콧물 등을 유발할 수 있다. 베개커버는 주 1회 정도 세탁해주고 햇볕에 말려주면 좋다. 우리집은 흰색 베개커버를 사용하기에 매주 세탁을 하고 두세 달에 한 번 정도 과탄산소다에 담근 후 세탁한다.

### 베개커버 교체시기

솜은 세탁하기 힘드니 자주 햇볕 소독을 해주는 것이 좋다. 베개솜은 오래 사용하면 솜이 뭉치고 가라앉아서 머리를 제대로 지지해주지 못하니 1년에 한 번씩 충전해주어야 한다. 베개 속에 들어간 땀과 각질도 없애야 하기에 세탁이 힘든 베개커버는 약 3년 주기로 한 번씩 바꿔주는 것이 좋고, 낡거나 찢어졌다면 교체하는 게 좋다.



### 이불 종류에 따른 세탁방법

1) 사계절 차렵이불 : 보온성이 좋고 가벼워서 가정에서 많이 사용하는 이불이다. 세탁은 미지근한 물 또는 찬물로 울코스로 단독세탁을 해야 한다. 양모나 구스이불은 가격이 착하지 않은 만큼 세탁방법에 맞춰 물빨래가 되는지 확인 후 드라이를 맡기는 것이 좋다. 양모이불은 세탁을 자주 하기보다는 2~3년 주기로 하는 것이 좋으며 수시로 먼지를 털어 말리는 게 좋다. 이불이 망가질 수도 있으니 꼭 확인하고 세탁해야 한다. 목화솜 이불은 목화솜이 물에 닿으면 뭉쳐져서 사용할 수 없기 때문에 물세탁이 불가능하다.

2) 오리털 이불 : 물세탁이 가능하지만 겉 원단에 따라 세탁방법이 다르기 때문에 소재를 확인해야 한다. 물세탁이 가능하다면 미온수(오리털은 고온세탁을 하면 제품의 변형이 일어날 수 있다)에 중성세제를 이용하여 울코스/섬세코스로 세탁한다. 세탁 후에는 넓은 장소에 이불을 펴서 두드려주면 털이 뭉치는 것을 막을 수 있다. 오리털은 가루세제가 녹지 않아서 알갱이가 남을 수 있으니 미지근한 물에 액상세제로 세탁해야 한다. 섬유유연제를 사용하게 되면 극세사가 가지고 있는 부드러운 촉감과 흡수성을 잃을 수 있으므로 섬유유연제는 사용하지 않는 것이 좋다.

3) 구스(거위털) 이불 : 관리가 어렵지만 따뜻하고 가벼운 이불이다. 세탁을 자주하면 보온력이 떨어질 수 있어 세탁을 권장하지 않고 커버만 세탁하는 것을 권장한다. 1년에 1회 정도 세탁을 권한다. 드라이클리닝을 진행하면 충전재의 유분이 줄어들어 구스다운 복원력이 떨어질 수 있으니 피하는 게 좋

다. 세탁할 때는 이불세탁망에 넣고 30도 정도의 물에 중성세제(표백제 사용은 피하고)를 사용하여 울코스로 단독 서탁을 해야 한다. 이불 손상을 막기 위해 탈수는 최대한 약하게 한다. 열에 약하기 떠문에 드라이기와 건조기를 이용하여 건조하는 것은 피해야 한다.(건조기의 이불 먼지 털기 기능만 가능) 잘못 말리면 거위털의 기름 성분 때문에 곰팡이가 생길 가능성이 있기 때문에 완전히 건조하는 게 중요하다. 구스다운은 털이 잘 뭉치므로 건조 도중 틈틈이 이불을 두드려주면서 복원해주는 것이 좋고 제습기를 사용하면 보다 빠른 건조에 도움이 된다. 습기에 취약하므로 공기가 잘 통하는 곳에 보관해야 한다. 다른 이불과 섞여 변형되지 않도록 수납함(구멍이 있는 상자에 습기제거제를 넣어두는 것도 도움)에 별드 보관해야 한다.

4) 목화솜 : 10년 정도 주기로 교체해주는 것이 좋고 솜이불 종류는 5년 정도 사용 후(상태에 따라) 교체해주는 것이 좋다. 베개솜도 주기적으로 교체해주는 것이 좋은데, 점점 쿠션이 꺼지고 높이가 낮아져서 불편해지고 딱딱하게 되기 때문에 1년에 한 번 교체해주거나 보충해주면 좋다. 양모이불은 보관시 공기층을 줄일 수 있으니 압축팩 사용은 하지 않아야 하고 5~7년 주기로 교체해주면 좋다.

## 사랑스러운 미니멀 핑크 주방정리

주방은 요리하는 것을 좋아하는 내가 가장 애정하는 공간이다. 내가 제일 많은 시간을 보내고 사용하는 공간이다.

주방은 조리를 하는 공간이기에 위생적으로 관리해야 하고 그만
큼  더 신경을 쓸 수밖에 없다. 한때는 좁은 주방이 싫고 넓은 주
방이 부러웠던 적도 있지만 지금은 내 공간을 애정한다. 그때는
주방 공간이 부족하다고만 생각했지 불필요한 물건을 정리할 생
각을 하지 못했다. 불필요한 것을 잘만 비우면 공간은 언제든 만
들어진다. 불필요한 것을 비운다는 것은 평균적인 기준치를 적용
하지 않고 물건의 개수에 집착하지 않는다는 말이다. 예를 들어
국과 찌개를 함께 먹는 집은 나보다 냄비가 더 필요할 것이고 조
리도구도 더 많이 사용할 수밖에 없다. 본인기준에 맞춰 필요한
것들로 채워진 단정한 주방이 바로 '미니멀 주방'이다.

나는 살림의 수고를 덜어주는 편안함과 만족을 주는 정리에 초점을 둔다. 정리를 위한 정리가 아닌 나를 위한 정리가 되어야 한다. 주방공간은 내가 편하게 사용하고 관리할 수 있으면 된다.

좁은 주방일수록 수납과 정리를 잘해야 수납 스트레스 없이 알차게 사용할 수 있다. 주방이 좁으면 물건이 조금만 올려져 있어도 지저분해 보인다. 씽크대 위에 최대한 물건을 올려두지 않으면 깔끔하면서도 청소와 정리시간이 줄어든다.

주방은 제자리를 찾아서 물건을 넣어주는 '클린(clean)법칙'을 활용한다. 조금 귀찮더라도 그런 작은 습관들이 모이면 하루를 기분 좋게 시작할 수 있다. 쌓인 설거지를 보고 하루를 시작하는 것과 깔끔하게 치워진 주방을 보고 하루의 시작하는 것은 차이가 엄청나다. 전날 주방을 잘 마감하고 아침을 맞이하면 훨씬 가벼운 마음으로 하루를 시작할 수 있다.

나는 효율적인 살림을 하기 위해서 '하지 않는' 규칙도 만들었다. 내가 '하지 않는' 몇 가지 규칙과 배운 점을 소개하려 한다.

## 주방 소품&도구(예쁜 쓰레기)를 사지 않는다

예전에 나의 주방은 예쁘게 정돈된 공간, 보여지는 정리에 초점을 맞춘 공간이었다. 지나고 보니 예쁜 쓰레기들을 가득 채웠던 부끄러운 공간이었다. 핑크

조리도구 등 사용하지도 않고 예뻐 보이려고 채웠던 물건들은 아까워서 치우지도 못했었다. 하지만 비우고 나서 한 번도 후회하지 않았다.

나는 이제 더 이상 사용하지 않는 물건을 예쁘다는 이유로 구매하지 않는다. 물건을 들인다는 건 관리가 늘어난다는 뜻이기도 하다.

## 오일병을 사용하지 않는다

팔이 아픈 이후 나는 나 자신을 아끼는 살림에 초점을 두며 몇 년째 오일병을 사용하지 않고 양념병 그대로 사용하고 있다. 오일병의 내용물을 다 사용한 후에 세척하고 소독하는 게 수고스럽기는 했지만 그로 인한 개운함은 살림의 즐거움이기도 했다. 지금은 병 그대로 사용해서 보기에 이쁘진 않지만 오일병 관리에 드는 수고를 하지 않는다. 병이 없는 매실액, 집간장 두 병 정도는 사용하고 있다. 기름종류는 우유팩을 재활용해서 담으면 편리하게 사용할 수 있다.

## 5가지 주방정리 노하우

### 1) 레이아웃 정하기

주방마다 구조가 다르므로 특이사항을 꼼꼼하게 체크하고 정리를 시작해야 한다. 주방공간은 사용자가 제일 편한 방법으로 정리를 하면 된다. 바로 바로 찾아서 꺼내 쓰고 넣기 편하게 레이아웃 공간을 나눈다. 어디에 어떻게 정리할지 정한다. 사용자가 편한 방법으로 효율적으로 정리하는 'simple 법칙'을 활용해 1단계 레이아웃을 종이에 적어보자.


## 2) 분류하기

(1) 모두 꺼낸 후 사용할 물건, 가끔 사용하는 물건, 사용하지 않았던 물건을 구분한다.

(2) 물건을 종류별(식기류, 용기류, 조리도구 등)로 분류한 후 사용할 것, 보관할 것, 버릴 것으로 구분한다.

(3) 주방이 좁다면 가끔 사용하는 것은 베란다에 정리한다.

(4) 사용하지 않았던 물건, 앞으로도 사용하지 않을 것 같은 물건은 비움&나눔으로 정리한다.

(5) 유통기한이 지난 식재료, 안 쓰는 일회용품, 금 가거나 깨진 물건은 모두 비운다.


## 3) simple 법칙을 적용한 수납

수납(정리)을 어떻게 하는지에 따라 나의 노동 시간이 더 걸리고 덜 걸린다. 나의 생활패턴에 맞게 신중하게 판단해서 정리를 한다. 매일 노동의 시간을 줄일 수 있도록 사용빈도에 따라 동선에 맞게 꺼내고 넣기 편하게 정리한다.

(1) 서랍을 활용한 수납

서랍은 주방에서 아주 유용하게 사용된다. 여전에는 서랍에 식기류만 보관했지만 요즘은 서랍형 주방들이 많아지고 있다. 서랍을 잘 활용하면 수납도구 없이도 잘 정리할 수 있다. 나는 아일랜드 식탁 아래 서랍 2개를 맞춰 반찬통을 넣어두고 있다.

(2) 문을 활용한 수납

수납공간이 부족하다면 씽크대 문을 활용한 수납도 좋다. 예전에 일회용품을 쓸 때는 이렇게 씽크대 문을 활용한 수납도 했었다. 현재는 양문에 칼블럭과 청소용품 등을 달아서 사용하고 있다.

(3) 리사이클링 법칙

물건을 구매하기 전에 집에서 활용할 만한 아이템을 찾아보면 재활용만큼 좋은 살림템이 없다. 특히 우유팩은 튼튼해서 다양하게 사용할 수 있다. 기름병 홀더나 텀블러, 물통 홀더, 수납용품 등 정리에 다양하게 활용할 수 있으니 버리기 전에 다시 보고 재사용&재활용을 해보자. (재활용 아이디어 220~227p 참고)

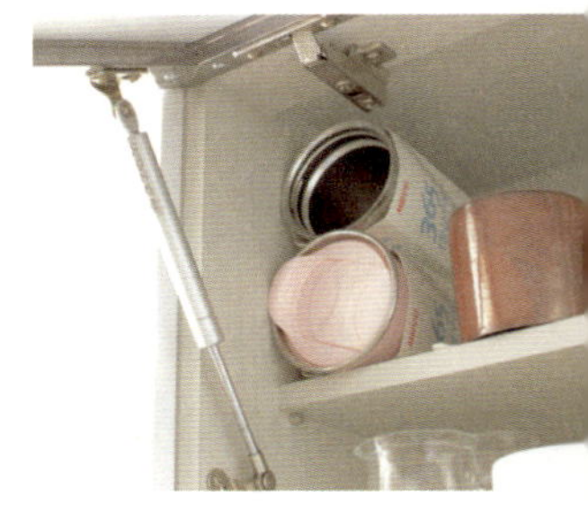

(4) 틈새수납 법칙

틈새 작은 공간은 얼마든지 다양하게 활용할 수 있다. 씽크대 안쪽에 사진처럼 틈새공간을 그냥 내버려 두었다면 사용하지 않는 공간이었을 것이다. 틈새 공간을 활용해 도마와 우유팩 등을 바구니에 담아 두었다.

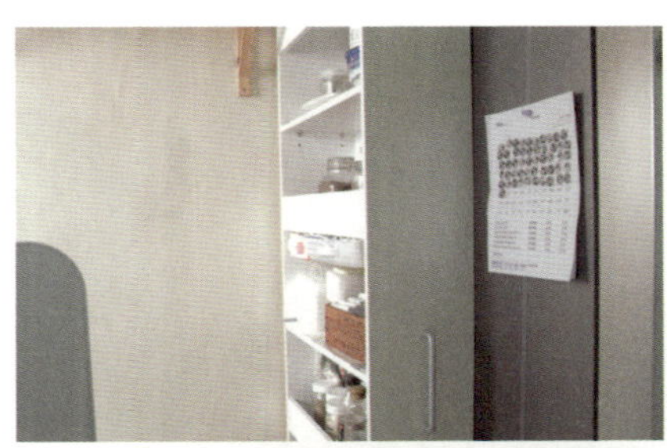

두 번째 보이지 않는 공간에 틈새를 활용한 수납장은 우리집 팬트리로 활용 중이다. 집에서 틈새공간을 활용하는 다양한 아이디어를 구상해서 틈새수납법칙을 활용해보길 바

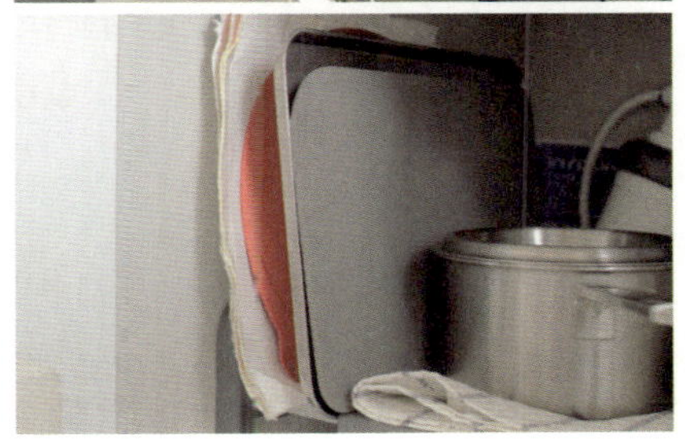

란다. 목적에 따라서 사용하면 너무 좋지만 일부러 틈새가구를 구매해서 사용하는 것은 비추다.

(5) 물건이 많다면 이름표는 필수~!!

막상 필요할 때 물건을 못 찾거나 눈에 보이지 않는다면 없는 것과 다를 게 없다. 잊어버리지 않게 라벨링을 해두거나 요즘은 물에만 지워지는 주방펜도 있으니 참고하면 좋다.


### 4) 사용빈도가 적은 상부장 정리

세 칸으로 나뉜 공간은 칸별로 정리한다. 제일 윗칸은 자주 사용하지 않는 물건, 두 번째 칸은 가끔 사용하는 물건, 제일 아랫칸은 자주 사용하는 물건으로 구분해서 정리하면 편리하다. 정리할 때

상부장 왼쪽칸부터 정리한 사진 →

같거나, 비슷한 종류로 구분해서 칸별로 정리하면 유용하다. (예: 접시, 컵류, 밀폐용기, 유리용기, 반찬용기 등)

참고로, 상부장은 너무 무거운 것은 수납하지 않아야 한다. 바구니를 사용한다면 안에 내용물을 가릴 수 있으니 높지 않은 바구니를 사용하는 게 좋다.

우리집 상부장 위쪽은 가끔 사용하는 유리저그, 와인잔 등 자주 사용하지 않는 것들을 수납해 두었다. 우리 부부는 손님이 오지 않는 한 술을 먹지 않아 손님이 오면 마실 맥주잔 몇 개와 손님용 커피잔 빼고는 따로 구비하지 않았다. 가끔 사용하는 컵 종류와 내 텀블러와 물병을 정리해두었다. 우리집은 신랑은 믹스커피, 나는 차 외에는 마시지 않으니 손님용 커피잔 외에는 커피용품이 없다.

왼쪽은 신랑 도시락과 커피 텀블러, 큰 물병을 수납했다. 신랑은 주말 빼고 도시락과 함께 커피, 물을 싸서 출근을 한다. 법랑 제품 트레이와 보관용기, 큰 반찬용기 등을 수납해 두었다. 사용하지 않는 그릇들은 나눔해서 비우고, 사진용 그릇들은 아일랜드 수납장 쪽으로 옮겨서 정리해 두었다.

## 5) 사용 빈도가 많은 하부장 정리

사용빈도에 따라서 레이아웃을 정하고 물품(소형가전, 식기류, 냄비&후라이팬, 볼 등)을 수납한다. 씽크대 배수대는 물을 자주 사용하는 물건들로 정리하는 것이 편하다. 가열대 가스렌지 아래쪽

은 요리할 때 사용되는 양념류를 보관하면 동선을 줄여준다. 자주 사용하는 양념은 바구니(바구니 대신 우유팩이나 우유통을 활용)를 활용하는 것도 좋다.

물을 자주 사용하는 배수구 아래는 물을 자즈 쓰는 볼 종류와 냄비들이 '개수 유지' 규칙에 따라서 수납되어 있다. 냄비도 자주 사용하는 것은 앞쪽에 자주 사용하지 않는 냄비는 뒤쪽으로 수납하면 편하게 사용할 수 있다.

오븐 밑으로는 서랍은 섞이지 않게 수납용기를 활용하여 조리도구들을 수납하고 정리해두었다. 우유팩을 활용해서 수납함으로 재활용해서 양파망이나 고무줄, 방습재 등을 모아두어 재사용하고 있다. 커트러리는 아주 가끔 손님이 오거나 특별한 날(생일, 이벤트, 크리스마스 등), 가끔 사진을 찍거나 음식에 따라 가끔 사용하므로 베란다 수납장에 바구니에 따로 정리해 두었다. 아일랜드 식탁쪽 수납장은 평소 거의 사용하지 않는 손님용&사진용 그릇들이 수납되어 있다.

정리에는 정답이 없다. 내가 편하게 정리하면 된다. 여유로운 주방은 물건이 없는 주방이 아니라 내가 필요한 만큼 준비해둔 주방이라는 것을 꼭 기억했으면 좋겠다.



좁은 주방 2배 넓게 쓰는 활용법

1 정면에 보이는 오븐 옆 두 칸은
  식기세척기가 들어올 예정이라 비워둠
2,3 하부장 왼쪽칸부터 정리한 사진
4 오븐 밑 서랍칸
5 아일랜드 식탁 수납장 정리 모습

# 정리가 편한 아이방

부모가 먼저 정리하는 모습을 보여주면 아이도 자연스럽게 배우게 된다. 정리를 제대로 배워본 적이 없는 아이가 있을 뿐 정리를 못하는 아이는 없다. '밥 먹기 전에 장난감 정리하기' 등의 규칙을 정하고, '놀이의 끝은 장난감 정리'라는 것을 알려줘야 한다. 이때 아이가 정리를 할 수 있도록 충분히 기다려주는 게 중요하다. 아이가 정리를 한 후에는 성취감을 느끼도록 격려와 칭찬을 아끼지 않아야 한다. 아이방 정리가 편해지는 방법 6가지를 소개한다.

## 1. 아이의 눈높이에 맞는 정리

첫 번째는 아이의 키에 맞춰서 언제든 편하게 꺼내고 넣을 수 있는 환경을 제공해줘야 한다. 아이가 어릴수록 큰 장난감이 많아 분류가 어려우니 큰 바구니를 활용해서 정리할 수 있도록 해준다. 바닥에 바구니를 두는 것보다 책장이나 선반, 장난감 수납장 등을 이용하면 깔끔하게 정리할 수 있다. 장난감과 책을 스스로 정리할 수 있도록 환경을 제공해주는 것 꼭 기억하자.

두 번째는 집안의 환경이 아이의 재능을 이끌어내듯 아이방의 환경이 아이의 성장에 큰 영향을 미친다. 아이들의 연령에 맞게 (자주 읽는 책, 가끔 읽는 책, 매일 가지고 노는 장난감, 가끔 가지고 노는 장난감 등) 정리를 해준다. 나는 아이들이 어릴 때 연령과 생

자녀의 연령, 키, 취향, 생활습관 등을 고려하여 수납정리를 한 책장

활습관에 맞춰 3단 책장을 활용했다. 제일 위칸에는 큰아이(당시 5세)가 책을 꺼낼 수 있으니 큰아이 책을 수납해주었다. 두 번째 칸은 자주 읽는 책과 키가 작은 둘째(당시 3세)를 위한 책을 수납해주었다. 옆쪽으로는 둘이 함께 노는 장난감&엄마표 교구를 정

환경의 변화를 위해서 가끔씩 위치를 바꿔서 정리해주는 것도 좋다. 아이들이 읽는 책만 계속 읽지 않도록, 자주 읽는 책과 가끔 읽는 책을 바꿔주는 것이다. 주기적으로 책과 바구니 등의 위치를 바꿔주어도 분위기가 달라진다. 아주 간단한 방법으로 아이에게 달라진 환경을 제공할 수 있다.

리했다. 맨 밑 칸에는 작은아이 위주의 큰 장난감 등을 정리했다.

세 번째는 아이가 쉽게 정리할 수 있도록 연령에 맞게 수납바구니 크기를 고려한다. 아이가 영유아(만3세 미만)에서 유아(만3세부터 초등학교 취학시기까지)로 가는 단계에서는 물건을 분류해서 정리할 수 있도록 해주면 자연스럽게 분류의 개념을 배운다. 아이들이 유아단계가 되면 큰 장난감보다 작은 장난감들이 많아진다. 작은 장난감, 인형 등은 크기에 맞는 수납바구니를 활용해 정리해주면 아이들이 스스로 위치에 맞게 장난감과 인형, 교구 등을 정리해둘 수 있다. 아이의 상상력과 창의력을 고려해서 다양한 색감의 바구니를 선택했다. 알록달록 색감이 인테리어를 해칠 수 있지만 아이에게는 더 없이 좋은 인테리어 공간이다.

## 2. 물건을 관리하는 습관은 평생 간다

아이 스스로를 위한 정리를 아이 수준에 맞춰 알려주자. 정리를 해두면 나중에 놀이할 때 편하게 놀 수 있다. 정리를 하지 않으면 다음에 놀고 싶을 때 장난감을 못 찾아 놀 수가 없다고 이야기해주어야 한다. 정리는 다음에 할 놀이나 공부를 위한 효율적인 방법이라는 것을 알려줘야 한다.

어릴 때부터 자신의 물건을 소중하게 다루고 관리하는 방법을 자연스럽게 배우게 하면 좋다. 내 물건을 소중하게 생각하는 아이가 다른 사람의 물건도 소중하게 생각한다. 아이에게 돈이 아닌 평생의 좋은 습관을 물려주자.

장난감을 스스로 정리하다 보면 초등학생이 되어 각자 물건을 스스로 관리하고 정리한다. 아이들은 내물건, 동생물건, 언니&오빠물건 등 정확하게 구분한다. 지금도 우리집 두 아이는 여전히 각자물건을 정확히 구분해서 정리를 한다. 함께 사용한 물건은 함께 정리하고, 혼자 사용하는 자기물건은 스스로 관리하고 정리를 하고 있다.

### 3. 아이가 할 일 엄마가 대신하지 않기

제대로 된 정리습관을 알려주기 위해서는 아이의 할 일을 엄마가 대신 해주지 않아야 한다. 아이들이 어릴 때는 걷고 말하고 등 기다려주는 육아를 한다. 아이가 커가며 아이는 자기만의 속도로 배워가는데 엄마는 그 시간을 기다리지 못하고 대신 일을 해준다. 혼자 신발을 빨리 못 신는다고 신겨주고 빨리 밥을 안 먹는다고 먹여준다. 아이를 위해서 해준다고는 하지만 아이를 위한 게 아닌 엄마가 기다리지 못하고 하는 일이다. 아이어게 엄마의 속도를 강요하지 말고 아이의 속도에 맞춰 기다려주어야 한다. 부모는 아이의 손발이 아니다. 아이들이 정리를 못하는 것이 아니라 엄마가 대신해준 것은 아닌지 생각해보아야 한다.

**1) 정리는 놀이처럼 한다**

아이들 어릴 때는 정리를 자연스럽게 놀이로 배우도록 해준다. '모두 제자리' 같은 노래를 부르거나 "누가 먼저 바구니에 블록을 많이 정리할까?" 하고 게임하듯 정리를 하게 해주면 좋다. 바닥의 쓰레기 골인시키기 놀이 등으로 아이에게 성취감을 느끼게 해보는 것도 좋다. 신발을 정리할 때는 '무엇이 무엇이 똑같을까?' 노래에 맞춰 신발 짝을 맞춰 정리하고, 흩어진 신발은 짝꿍이 없어서 슬퍼한다는 비유를 하며 재미있게 정리를 할 수 있도록 해주자. 신발정리는 짝이나 수 개념에 대해서 자연스럽게 배울 수 있는 기회도 된다. 밥 먹기 전에 수저 놓기를 시키는 것도 좋다. 가족의 각자 수저를 익히고 분류의 개념을 배울 수 있다.

함께 요리를 하며 요리사 역할을 맡겨보는 것도 좋고, 스스로 옷을 고르는 코디네이터 놀이도 좋다. 함께 빨래를 정리하며 분류를 배우는 기회도 마련된다.

우리집 2호는 2학년때 학교에서 엄마아빠 도와주기 쿠폰을 만들어 온 적이 있다. 아이와 쿠폰을 만들어 정리의 시간을 가져보는 것도 재미있고, 자신이 먹은 음료수는 스스로 분리수거를 하게 하는 것도 좋다.

**2) 스스로 정리**

나는 아이들 유치원 때부터 등원을 할 때나 외출할 때는 집에서 입는 잠옷이나 내복을 스스로 정리하도록 해주었다. 접는 게 부족할 수 있지만 존중해주고 건드리지 않았다. 아이가 해놓은 것을 다

시 건드리는 것은 아이에게 상실감을 줄 수 있으니 주의해야 한다. 아이들 침대를 들여놓고 잠을 자는 공간을 만든 후에는 일어난 후에 스스로 이불정리를 하도록 했다. 지금도 등원 전에 반드시 이불정리를 한다. 아이들은 어른처럼 자동적으로 하지 못할 때도 있지만 그렇다고 아이의 할 일을 대신해주지는 않는다.

아이방은 어릴 때부터 스스로가 주도해서 스스로 관리할 수 있도록 환경을 만들어줘야 한다. 어릴 때부터 행거를 배치해 아이가 스스로 옷정리를 할 수 있게 하면 좋다. 지금은 외출 후나 하교 후에 스스로 옷을 정리하고 아래칸에는 책가방을(어릴 때는 인형을 수납) 정리한다. 행거는 아이가 스스로 옷정리를 할 수 있게 해줘서 추천하고 싶은 살림템 중 하나다.

2호가 제안한 엄마표 생일상

약속한 요리 만드는 날

### 3) 아이가 선택한 규칙과 루틴 존중하기

아이들과 상의해서 스스로 공부하고, 놀이하고, 정리하는 시간을 계획표를 만들어 활용할 수 있도록 해준다. 아이들은 아침에 학습지와 책읽기를 자기가 할 수 있는 분량만큼 하고 등원을 한다. 하교 후에는 아침에 다 못한 학습지와 일정 분량(아이가 선택한 양)의 문제집을 푼 후 각자 자유시간을 갖는다. (가끔은 보상으로 빼주기도^^)

아이와 함께 정한 정리 규칙과 루틴은 사용한 물건을 제자리에 정리하는 것이다. 자신이 사용한 그림도구, 학습지나 문제집을 제자리에 정리하고, 읽은 책은 책장에 정리해두기 등이다. 놀이가 끝나면 마무리 정리 루틴이 정해져 있다. 엄마가 매일 따라다니면서 뒷정리를 해주면 잔소리를 하는 나도 듣는 아이도 스트레스다.

밥을 먹기 전에는 수저를 놓고, 밥 먹고 난 후에는 먹은 그릇 가져다주기, 냉장고에 반찬 넣기 등을 하도록 한다. 책임감을 기를 수 있도록 아이와 상의 후(아이에게 선택권주기) 1~2가지 집안일을 하게 하고, 당번을 정해서 신발 정리, 건조기에 옷넣기&옷꺼내기, 먹은 건 스스로 치우기, 식탁 닦기, 심부름, 자기방 정리 등을 책임감을 가지고 할 수 있도록 해준다. 가끔 2호는 귀여운 꾀를 부릴 때도 있지만 기특하게 잘 실천하고 있다.

가족 구성원으로서 아이가 집안일에 참여하고 스스로 해내는 경험은 아이의 자립심을 키우는 데 좋은 방법이다. 아이의 연령과 성향, 기질에 맞게 집안일 리스트를 상의하며 정하면 효과적이다. 예를 들어, 식사를 마친 후, 활동적이면서도 정적인 우리집 1호가 식탁 닦기를 할 때 활동적인 2호는 반찬을 넣는다. 아이가 집안일 정리를 도와줄 때마다 구체적으로 칭찬을 해주면 좋다. 아이 스스로 엄마와 약속한 정리규칙을 잘 지키면 보상도 확실하게 해준다. 주말에 가고 싶었던 곳을 가거나 맛있는 요리를 해주는 등 나와 아이의 소중한 추억을 만든다. 아이를 따라다니면서 정리를 해줄 에너지를 아이에게 보상해주는 에너지로 타꿔보길 권한다.

**아이들에게 보상할 때 주의할 점**

1. 돈으로 보상하지 않는다.
   엄마를 위한 정리가 아닌 스스로를 위한 정리이기에 돈으로 보상하는 습관은 좋지 않다. 나중에는 돈을 줘야 정리를 하게 만들 수 있기 때문에 주의해야 한다. 가끔 하교 후에 간식을 사먹는 등 상황에 따라서는 괜찮지만 절대 보상의 결과가 돈이 되어서는 안 된다.
2. 바쁘다는 이유로 대신해주지 않는다.
   시험기간이나 숙제를 해야 한다는 이유 등 상황을 맞추다 보면 그 횟수가 늘어나게 되고 엄마가 대신해주는 게 당연하게 되어버린다.

가끔 엄마가 도와줄 수는 있지만 습관이 되어서는 안 된다. 공부 때문에 자꾸 빼주다 보면 시험이나 학업 성취도가 더 중요하다는 잘못된 관념을 만들어줄 수 있으니 주의해야 한다.

3. 남에게 넘기는 나쁜 습관을 만들지 않는다.

스스로 할 줄 알아야 한다. 자신의 일을 형제, 자매 등 가족에게 미루는 습관은 의존성을 높이게 한다. 처음에는 고마워 하지만 나중에는 무뎌져서 안 해주는 가족에게 화를 내거나 짜증을 낼 수 있다. 잘못된 습관이 자리 잡지 않도록 부모의 지도가 필요한 부분이다.

| 연령별로 할 수 있는 집안일 | |
| --- | --- |
| 만 0~2세 | 기저귀 버리기, 빨대 물병 식탁에 올려두기, 우유 마신 컵 개수대 갖다 놓기, 휴지 버리기 등 |
| 만3~6세 | 이닦기 연습, 장난감 정리, 사용한 물건 제자리에 갖다 놓기, 냉장고에 물건 넣기, 수돗물 잠그기, 장난감 정리 도와주기, 식탁 닦기, 먹은 그릇 개수대에 정리, 냉장고에 반찬 넣기 등 |
| 만 7~10세 | 식사 전 수저 놓기, 먹은 그릇&재활용 배수구에 갖다 놓기, 식물 물주기, 쓰레기 버리기, 개인청결과 관련된 일, 이불 정리, 엄마와 장보기, 요리하기, 자기 물건 스스로 정리, 입은 옷 접어 놓기, 입은 옷 빨래바구니에 넣기, 청소기 돌리기, 냉장고 간식 찾아 먹기, 신발정리, 빨래정리, 건조기 옷 넣고 꺼내기, 요리 함께하기, 자기 방 정리, 스스로 자기 옷 꺼내 입기 등 |
| 만 10세 이상 | 분리수거 함께 버리기, 창문 닦기, 설거지하기, 자기 방 정리&청소, 실내화세탁, 쓰레기통 비우기 등 |

## 4. 아이 스스로 감당하고 정리할 수 있는 만큼 하기

과유불급이라는 말이 있다. 너무 많은 것은 부족한 것보다 못하다. 장난감이 많다고 아이 발달에 더 도움이 되거나 더 똑똑해지는 것은 아니다. 너무 많은 물건과 장난감은 아이들에게 물건의 소중함도 감사함도 모르게 만들 수도 있다. 아이에게 많은 물건을 사주고 정리를 못한다고 매일 힘들어하고 있는 건 아닌지 생각해보자.

아이가 관리할 수 있는 만큼 양을 정해주는 것도 중요하다. 아이가 감당할 수 없다면 물건의 양을 줄이고, 스스로 잘 한다면 조금씩 늘려주면서 아이에게 맞는 양을 제공해주는 것도 좋다. 아이들이 장난감 정리를 못하는 것이 아니라 장난감이 너무 많아서 정리를 못하는 것일 수도 있다. 아이를 위한다면 정리할 수 있는 양만큼 물건을 사주고 관리하도록 해주어야 한다.

아이는 장난감이 없으면 스스로 상상놀이를 하는 등 놀이를 만들어서 논다. 아이는 풍족한 장난감보다 부모의 사랑을 먹고 성장한다. 아이에게 따뜻한 사랑의 한마디 따뜻한 스킨십보다 더 좋은 장난감은 없다.

## 5. Cleaning day 활용하기

아이 물건의 주인은 아이다. 함부로 버리거나 비우는 것은 금물~!! 내 물건을 누가 함부로 만지거나 버렸다고 생각하면 화가 날 것이다. 아이는 자기 물건을 비우고 관리할 권리가 있다. 비우기 전에 충분히 아이와 상의해야 한다. 아이가 어릴수록 함께 관리하고 정리하면 좋다. 엄마가 몰래 함부로 버리는 습관이 계속되면 아이는 올바른 물건관리는커녕 물건에 집착하게 될 수 있으니 주의해야 한다. 내 물건이 소중한 만큼 아이에게도 자기물건이 소중하다. 내 눈에는 쓰레기이지만 아이 눈엔 보물이다. 물건을 떠나보내는 것도 아이에게는 용기가 필요한 일이다. 아이가 스스로 비움을 선택하도록 엄마가 기다려주어야 한다.

아이마다 성향이 다르다. 우리 2호는 금세 버리는 스타일인데, 1호는 오래도록 두고 보는 스타일이다. 특히 어린이집이나 유치원에서 만들어온 작품은 버리기 힘들어한다. 이럴 땐 작품공간에 걸어 두었다가 일주일에서 한 달 정도 기간을 두고 비우기로 서로 합의한다. 아이에게 이별의 시간을 주어야 한다. 아이의 마음이 다치지 않기 위해서도 꼭 필요한 과정이다. 다음에 다른 작품으로 교체해줄 수 있도록 채움을 위한 비움이라는 것도 알려주면 좋다.

아이들 물건을 비울 때에는 기부처를 알아보고 기부하는 것도 좋다. 비움에는 버리는 것만이 아닌 기부도 있다는 것을 알려줄 수 있는 좋은 기회이다. 아이에게 선택권을 주고 주기

아이의 작품을 걸어둘 수 있는 공간을 만들어주면 좋다. 자칫 지저분해 보일 수 있으므로 나는 문 뒤 사각지대를 활용했다. (집게 등을 활용) 전시공간을 따로 만들어줄 수 없다면 가구 등에 붙이지 않고 상자나 바구니에 따로 보관해서 Cleaning day에 비우자.

아이방에 따로 작품공간을 만들어 교체해주기(아이와 함께했던 엄마표 홈스쿨링 작품들)

적으로 정리하는 날을 정한 후 비울 물건을 정해서 Cleaning day 에 스스로 비우도록 한다.

> 비울 물건 : 망가진 장난감(기부), 연령에 맞지 않는 장난감(연령이 지난 것은 판매, 비움, 기부), 연령에 맞지 않는 책(도서관 기부, 나눔, 판매), 시간이 지난 작품들

### 6. 물건과 바구니가 많다면 정리하기 쉽게 라벨링 해주기

아이들 물건이 많을 때는 찾아쓰기 쉽게 물건을 담은 바구니나 수납함에 라벨링을 해주는 것도 좋다. 라벨링은 큰 글씨로 해주고 아이가 어리다면 사진을 붙이는 방법도 있다. 바구니에 장난감을 담고 사진을 찍은 후에 그 사진을 바구니에 붙여주면 쉽게 스스로 정리할 수 있을 것이다.

버려지는 옷과 버려지는 장난감 매립, 소각되는 비율이 95% 이상이라고 한다. 장난감 플라스틱이 분해되는데 걸리는 시간이 500년 이상이며, 연간 장난감 쓰레기가 240만 톤 이상이다. 버리지 말고 기부하자. 기부물품이 기부처마다 다르니 꼭 문의 후 기부하도록 하자~!!

| | |
|---|---|
| **장난감 코끼리공장** | https://www.kogongjang.com/<br>플라스틱 소형장난감, 소형·중형인형, 고장나거나 부품이 부족한 소형 장난감, 아동 도서, 사운드북, 플라스틱 블록 |
| **굿윌드스토어** | 문의: 1644-9191<br>https://www.togethergoodwill.org:19162/main/main.php<br>의류, 잡화, 문화용품, 건강&미용, 생활용품, 식품, 가전 |
| **사단법인 투루** | 문의: 031-976-9323  http://www.tru.or.kr/<br>장난감류, 잡화, 도서음반, 소형가전 등 |
| **아름다운가게** | 문의 1577-1113  https://www.beautifulstore.org/donation<br>의류, 생활&주방 잡화, 패션잡화, 아동 잡화, 가전, 디지털 기기, 도서&음반 |
| **나눔코리아** | 문의: 02-992-8904  http://www.nanoomkorea.or.kr<br>생필품, 학용품, 장난감, 도서 |
| **디딤센터** | 문의: 02-332-5515  https://blog.naver.com/opendidim |
| **여성홈리스** | 생필품, 의류, 속옷, 여성용품 등 |
| **옷캔** | 문의: 1661-1693  https://otcan.org/godonation<br>의류, 신발, 벨트, 속옷, 솜&충전재 없는 얇은 이불, 수건, 작은 인형 |
| **기아대책 행복한나눔** | 문의 02-544-9544  https://www.kfhi.or.kr/ |
| **빼기** | 문의:1644-9560  https://bbegi.com/service<br>의류, 도서, 가전은 중고매입 |
| **띵독** | 유기견힐링센터 문의: thinkdog8098naver.com<br>http://thinkdogkorea.org/<br>수건, 탈취제, 물티슈, 얇은 누빔패드, 피그먼트 담요 |
| **미혼모센터** | 돌 전후 아기옷, 아기 이불 기부, 아기용품 등 |

땡스아울렛은 국내 최초의 재사용 나눔가게로 개인, 단체 등이 기증한 물품을 저렴한 가격에 판매해서 그 수익금을 소외된 이웃을 돕는다. 좋은 일도 하고 착한 가격에 제품도 득템할 수 있다.

# 매일 열고 싶은 미니멀 냉장고정리

## 버려지는 음식은 노동낭비 & 돈낭비!

냉장고 관리만 잘해도 돈을 벌고 노동을 줄일 수 있다. 냉장고에서 생각보다 많은 돈이 새나가고 있다. 가정에서 매일 버려지는 음식이 생각보다 너무 많다. 음식을 보관하다가 먹지도 못하고 상해서 버리거나, 너무 많이 구매해 소비기한이 지나버리는 등 매일 돈을 버리며 살고 있는 건 아닌지 점검해보자.

가정에서 생각보다 많이 새나가는 게 바로 '식비'인데 이를 잡을 수 있는 냉장고 관리 노하우를 알아보자. 누구나 쉽게 따라할 수 있는 방법이 있다. 시간을 벌고 노동낭비를 잡을 수 있는 노하우와 식비 50% 줄이는 돈 버는 냉장고 관리법을 소개한다.

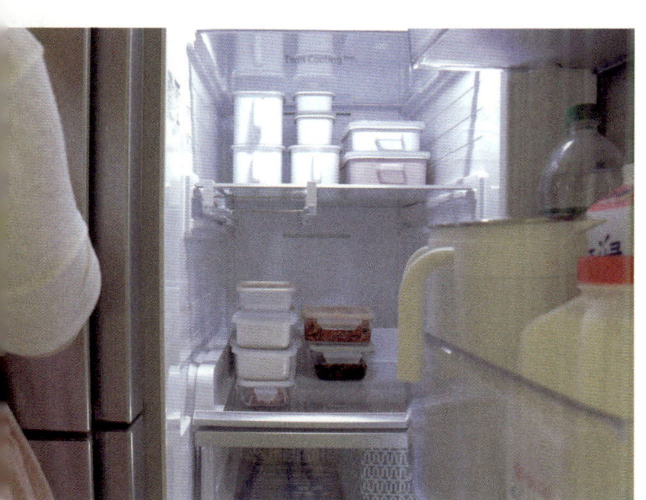

돈 버는 냉장고 관리법

## 1. "냉장고는 냉창고가 아니다"

블로그를 하면서 냉장고 체험단에 제의를 받고 찍어둔 사진이다. 그때만 해도 모두 채우고 수납함을 넣어야 정리가 되는 줄 알았다. 살림의 효율성을 몰랐을 때니 더 그랬을 거라는 핑계를 대본다.

계획 없이 장을 보니 쌓아 두고 다 먹지 못해 버리는 일이 많았다. '냉창고'처럼 사용했었다. 냉장고 안에 식재료가 무엇이 있는지 관리가 안 되니, 같은 걸 또 사오고 세일하면 사와서 쟁여두었던 시절이다. 유통기한 안에 못 먹어서 버릴 때는 신랑에게 핀잔을 듣기도 했고, 식비를 줄일 생각보다는 가정 경제가 여유롭지 못하다는 생각만 했었다. 많은 시행착오를 겪으며 배운 건 냉장고는 냉장고답게 사용하는 게 정답이라는 거였다.

냉장고는 잠시 보관을 하는 용도일 뿐이고, 냉동실을 너무 믿어서도 안 된다. 냉동보관을 하면 음식이 안 상한다는 생각도 버려야 한다. 냉동실도 시간이 지나면 세균 번식에서 자유롭지 못하며, 장기간 보관하면 식재료 변질의 위험이 증가하므로 주의가 필요하다. 또한 장기간 냉동보관을 하면 식품의 표면이 건조해져 맛과 식감이 좋지 않게 변한다. 음식을 보관하는 것보다 빨리 식재료를 소비하는 것이 제일 좋다. 그럴 수 없다면 소분해서 보관하고 빠른 시일 내에 소비하도록 해야 한다.

또한 식재료의 유통기한과 소비기한을 잘 따지면 식재료의 낭비를 막을 수 있다.

냉동 고기는 해동한 후에 재냉동은 피하고 즉시 조리를 하는 게 가장 좋다. 다시 얼리는 것 자체는 가능하지만 고기의 육질이 완전히 말라 변형된 상태로 남게 된다. 심지어 고기의 질감이 완전히 달라지며, 해동하는 시간에 세균 증식의 우려가 있으므로 해동은 냉장해동이 가장 좋다.

## 2. 맥시멀 냉장고 법칙 : 냉장실은 70% 채우기

맥시멀 냉장고 법칙은 전체 양의 70% 미만으로 채우는 방법인데, 3가지 장점이 있다. 첫째, 냉장고는 전체 용량의 60% 이하로 사용해야 냉기가 잘 순환된다고 한다. 둘째, 불필요한 식재료 낭비를 막아준다. 셋째, 냉장고를 여유롭게 채워두고 물건을 찾는 시간, 정리하는 시간, 관리하는 시간 등 불필요한 시간을 많이 줄일 수 있다. 냉장고를 냉창고로 사용하지 않기 위해서도 맥시멀 냉장고 법칙을 실천해보면 좋다.

반대로 냉동실은 꽉꽉 채워야 냉기가 잘 돌아간다고 하지만 그 냉기를 잡기 위해 불필요한 식재료를 많이 보관하

는 것은 낭비라고 생각된다. 전기세 아끼려다 더 큰 돈낭비를 불러오지 않게 각자의 생활에 맞게 현명한 방법을 선택하면 좋겠다.

냉장고의 70%를 넘지 않게 채운다고 해도 생각보다 많은 양이다. 그 이상을 채우는 것은 식재료를 버리려고 채우는 것일 수도 있다. 맥시멀 냉장고 법칙은 생각보다 많은 시간과 노동을 절약해준다.

### 3. 비움의 미학 : 냉장고 한 칸이 주는 여유

새벽에 신랑 도시락을 준비하기 위해 냉장고 문을 열고 하루를 시작한다. 문을 열었을 때 보이는 비어 있는 한 칸의 여유는 느껴본 사람만이 알 수 있다. 덕분에 하루를 여유롭게 시작한다.

한 칸이 주는 여유는 생각보다 꽤 크다. 공간 걱정이 없으니 친정과 시댁에서 주신 음식들을 받아올 때도 걱정이 없다. 넣을 공간이 없어서 급하게 냉장고 정리를 하지 않아도 된다. 여름엔 수박을 반 통 잘라 놓고 먹어도 넉넉하고, 국이 남았을 때 넣어두기도 좋다. 공간이 여유롭다는 것은 언제 채워도 비워도 신경 쓰이지 않

는다는 장점이 있다.

한 칸에 들어가는 식재료 비용과 청소 등을 줄일 수 있고, 노동의 자유 한 칸만큼 더 자유롭다.

## 4. 재활용 대체품으로 대신하는 수납도구

### (1) 냉장고 매트 대신 신문지와 면행주 활용

냉장고 식재료를 넣어두는 수납칸은 꺼내고 넣기 불편하고 청소하기도 불편하다. 수납칸은 청소가 편하도록 바닥에 냉장고 매트 대신 신문지를 사용하면 좋

다. 신문지 활용은 사용할수록 만족템이다. 신문지가 없다면 키친크로스 면천 등을 깔아서 사용하면 언제든 세탁만 하고 바꿔주면 되니 편하게 사용할 수 있다

### (2) 플라스틱 수납 바구니 대신 종이가방 활용

예전에 수납용품에 정리를 하면서 나는 불편함이 더 많았다. 사용하지 않은 수납 바구니는 필요한 지인들에게 몇 개씩 나눠주고 더 이상 수납 바구니를 사용하

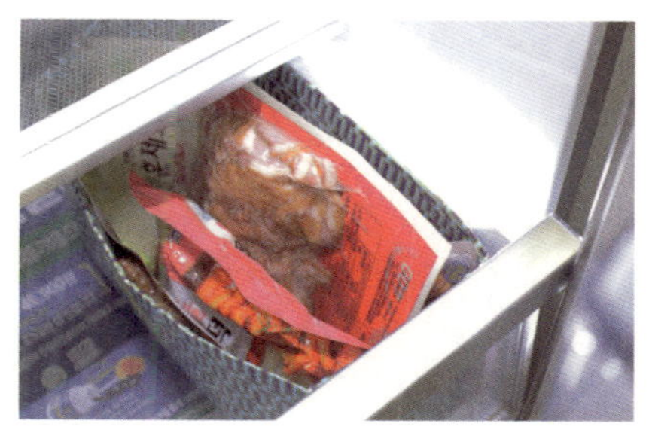

지 않는다. 현재는 수납 바구니 대신 증이가방을 사용한다. 장을 본 식재료뿐 아니라 야채, 과일 정리 등 어떤 수납용기보다 좋은 살림템이다.

# 5. 야채 식재료 미리 준비해두기

장을 봐오면 미루지 않고 하는 일이 야채 식재료 정리다. 야채를 싱싱하게 먹기 위해 바로 세척해서 준비해 둔다. 귀찮아서 자꾸 미루다 보면 시든 야채를 먹거나 물러서 버리는 경우가 있다. 야채는 미리 세척해서 준비하면 언제든 싱싱하게 먹을 수 있다.

장보는 날에 맞춰 식단은 고기로 정해 고기와 먹을 상추나 쌈야채를 먹을 만큼 사온다. 식단에 맞춰 바로 재료를 소진할 수 있고 싱싱하게 바로 야채를 먹을 수도 있다. 조금 귀찮긴 해도 미리 준비해두면 식사 준비시간을 많이 줄여준다. 남은 야채는 통에 담아두면 먹을 때 씻지 않아서 편하게 다음 식사 때 먹으니 야채가 시들어서 버려질 일이 없으니 식재료 낭비할 일 없다.

**시든 야채 되살리는 방법**

1. 야채(잎채소, 쌈채소 등)가 시들었다면 얼음물에 30분 이상 담가두면 수분을 머금고 살아난다.
2. 물 2L:설탕1:식초1 (1큰술) 30분 정도 담가놓으면 삼투압 현상으로 저농도인 물에서 고농도인 야채로 수분이 옮겨가서 시든 야채가 살아난다.

특히 대파는 하루만 놔두어도 금방 잎이 시들어버리니 귀찮아도 장본 후에 바로 정리를 하고 물기를 말려서 보관통에 담아 보관한

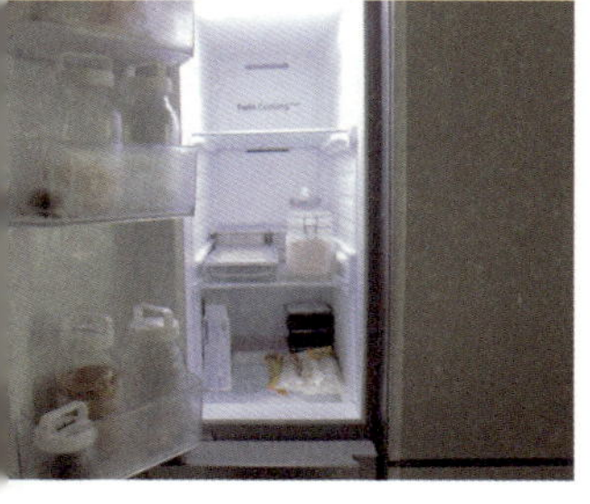

다. 우리집은 요리를 매일 해먹으니 냉동실에 얼려서 사용하지 않는다. 반대로 자주 먹지 않는다면 물러서 버리지 않도록 대파를 잘라서 보관용기에 담아 냉동실 보관을 추천한다.

장을 보고 온 날은 바로 볶음밥에 들어갈 야채를 세척 후에 볶음밥 재료를 다져서 준비해둔다. 먹을 때마다 다져서 볶아주면 시간을 많이 소비하기에 미리 다져서 준비하면 유용하다. 미리 기본 야채를 다져서 냉동실에 소분해서 일주일에 3끼 정도는 볶음밥으로 간단하고 맛있게 먹는다. 바쁜 아침이나 반찬이 없을 때 한 끼를 뚝딱 해먹을 수 있다.

다양한 볶음밥(계란을 준비하면 계란볶음밥, 김치를 넣으면 김치볶음밥, 대파를 듬뿍 넣은 대파볶음밥 등)으로 다양하게 먹을 수 있다. 특히 늦잠을 잔 아침이나 신랑 도시락 반찬으로 마땅히 싸줄 게 없을 때는 볶음밥 한 끼면 배부르고 맛있게 먹을 수 있다.

## 6. 가족을 위한 배려: 키즈존, 대디존 등 개인 공간

아이를 위한 간식 공간 '키즈존'을 만들어놓
으면 아이도 편하고 엄마의 일도 많이 줄어
든다. 아이의 키와 연령에 맞춰 공간(위치)
을 정해서 아이가 엄마의 도움 없이 찾을 수
있도록 해야 한다.

많은 양의 간식을 한 번에 사두는 것은 금물~!! 어린 아이들은 스
스로 간식 양을 조절할 수 없으니 하루에 먹는 양을 정해주는 게
좋다. 아이가 어릴 때는 엄마의 지도하에 꺼내 먹도록 해주고, 아
이가 크면 스스로 알아서 꺼내 먹게 하면 된다. 우리집은 아이들
이 크니 먹고 씻어서 재활용통에 정리까지 알아서 척척 한다.

가족들의 상황에 맞게 술을 즐겨먹는 집이면 아빠를 위한 공간
'대디존'을 마련해주는 것도 좋다. 운동식단이나 다이어트 식단
등 따로 먹는다면 그 공간을 마련해두면 서로 편하다. 나도 편하
고 가족도 편한 일석이조의 아이디어다.

- 키즈존: 아이들 간식을 보관하는 공간
- 대디존: 남편을 위한 와인, 맥주 등 술과 안주를 보관하는 공간
- 다이어트 존: 다이어트를 하는 가족을 위한 먹거리 공간

## 7. 보이는 용기 사용

먹고 남은 음식이나 먹고 남은 배달음식, 포장음식 등은 보이는 용

기에 담아두면 누구나 편하게 찾아서 먹을 수 있다. 냉장고 안이 가득 차 있다면 더욱 눈에 잘 보이게 앞쪽에 보이는 용기에 넣어두어야 가족이 식재료를 찾는 시간을 허비하지 않을 수 있다.

## 식비 50% 줄이는 냉장고 관리

### 1. 냉장고 지도를 작성해 어떤 식재료가 있는지 파악하기

냉장고에 어떤 식재료가 있는지 정확하게 파악하고 있으면 장을 볼 때나 식단을 짤 때 유용하다. 빨리 먹어야 할 재료는 빨리 소진할 수 있도록 해서 재료가 상해서 버리는 일이 없어야 한다. 장을 볼 때는 냉장고에 있는 재료를 또 사올 일이 없으니 금전을 절약할 수 있다. 나는 냉장고에 많은 식재료를 저장하지 않아서 적어두고 사용하진 않지만 습관이 될 때까지는 냉장고에 붙여서 생활하길 권한다. 냉동실은 식재료를 매일 열어보는 것이 아니기에 냉장고 문 앞에 적어 둔다. 빨리 먹어야 할 것들을 체크해서 식재료를 빨리 소진하도록 식단을 짠다. 냉동식품은 식품명과 유통기한을 함께 적어 두고, 유통기한을 적을 수 없는 식재료는 생선 등은 소분해 놓은 날짜를 적어둔다. 냉동고에 있는 식재료도 빠르게 식재료를 소비해서 버리는 걸 최대한 줄이려고 노력한다.

 냉동실은 종류가 많다면 대분류에서 소분류로 나누어 정리한다. 예를 들어 고기는 국거리, 볶음용 등 소분류로 정리해두면 편하다.

### 2. 5일 식단 계획표 작성(주말은 냉파요리)

우리집은 5일 정도 간편 식단 계획표를 작성해서
장을 본다. 평소에도 음식쓰레기뿐 아니라 필요
없는 식비를 줄이기 위해서 맛있고 간편한 한그릇
요리로 4~5번 정도 식단을 짠다. 시댁과 친정이
옆이라 끼니를 해결할 때가 있고 배달이나 포장음

식을 먹을 때도 있으므로 가볍게 장을 본다. 주말에는 냉장고에 있는 재료를 소
진해서 냉파요리(냉장고 파먹기)를 간단히 해먹고 냉장고를 비운다. 비워야 채
울 수 있기에 비운 냉장고를 보고 식단을 짜고 5일정도 먹을 양만큼 장을 본다.

### 3. 규칙적인 장보기와 충동구매를 막을 수 없다면 대형마트 금지

주말에 가족과 함께 장을 보고, 주
중에 필요한 식재료는 운동 삼아
장을 본다. 주중에 장을 볼 때는
가까운 마트를 이용한다. 우리는
대형마트는 거의 가지 않고 꼭 필
요할 때만 날을 잡아 간다. 대형마

트의 카트는 물건을 가득 채우고자 하는 욕구를 조장한다고 한다. 세일할 때 소
비기한에 맞춰 사는 것도 현명한 장보기지만 충동구매나 세일상품을 지나치지
못한다면 대형마트를 안 가는 것도 방법이다. 세일상품은 매일 쏟아져 나온다.

### 4. 식비 아끼는 노하우

1) 과일은 2가지 정도만 구입

과일을 한 번에 많이 사두면 못 먹어 썩거나 물러서 버리는 일이 많다. 장볼 때 과일은 2가지 정도만 사서 먹고, 없으면 주중에 장을 볼 때 사서 채워 놓는다. 한 번에 과일을 많이 사서 버리는 것도 돈을 버리는 것과 다를 게 없다. 여름에는 특히 수박 한 통이면 며칠을 먹으니 여름에 수박이 있을 때는 더욱 소량의 과일을 사서 먹는다. 버리는 과일이 없다는 것만으로도 꽤 많은 식비를 줄일 수 있다.

2) 먹을 만큼 소량을 구매 (양이 많다면 소분해서 정리)

우리집은 고기파다. 고기를 사올 때는 넉넉하게 양념을 해서 준비해두고, 두 끼 정도 해결한다. 반대로 고기를 많이 소비하는 집이 아니라면 소량만 사서 먹는 것을 추천하지만 때에 따라서 많은 양의 고기를 구매했다면 소분해서 냉동실 보관 후 고기는 최대한 빨리 먹는 것을 추천한다. 어떤 식재료든 너무 많은 양을 구매하기 보단 먹을 만큼 조금씩 구매해서 먹는 것을 추천한다.

3) 쓸 때 쓰고 아낄 곳은 아끼는 식비

현명하게 아끼는 것과 무조건 아끼는 것은 다르다. 쓸 곳에 쓰고 필요 없는 소비를 줄이는 게 진짜 현명한 소비다. 식비를 아낀다는 말은 식재료의 낭비를 막는다는 것이지 무조건 싼 것을 추구하는 게 아니다. 친환경적인 먹거리는 비싸도 구매한다. 무조건 싼 식재료를 고집하는 게 현명한 소비습관은 아니라고 생각한다. 때에 따라서 알맞게 소비하는 것이 진짜 알뜰한 소비다.

정리를 위한 정리가 아닌, 나를 위한, 내가 편한 정리를 해야 한다. 정리를 하려면 수납용품부터 생각하는 사람들이 많은데, 정리는 수납용기가 있어야 할 수 있다는 고정관념부터 버려야 한다. 더불어 나 편하려고 하는 정리인데 과하게 스트레스 받을 필요도 없다. 올바른 비움과 채움을 위하여 알아두면 좋을 것들을 마지막으로 한 번 더 강조하며 이번 장을 마무리하기로 한다.

## 수납용품 먼저 구매하지 않기

수납용품을 사용하면 예쁘게 정리될 것처럼 보인다. 정작 구매하고 우리집에 정리해두면 사진만큼 예쁘지도 만족스럽지 못할 수도 있다. 사기 전에 대체품은 없는지 집에서 안 쓰고 있는 수납용

품은 없는지 찾아보고 구매해도 늦지 않다. 또한 수납용품을 비
울 때는 무조건 빨리 비우기보단 기간을 두고 천천히 비우길 바
란다.

수납용기는 공간만 차지할 뿐 정작 없는 게 더 편한 경우도 많다.
전에 우리집 틈새 수납장은 모두 수납용기를 사용했지만 보기에
는 예쁘지만 많은 양을 정리할 수 없고 공간을 많이 차지해서 사
용할수록 불편했다. 지금은 수납용기 없이 정리해두니 오히려 공
간을 더 효율적으로 사용하고 바구니 관리도 안 하니 편하다.

나는 깔끔하고 예쁜 정
리보다 내가 편하고 나
를 위한 정리를 선택했
다. 그것이 내가 생각하
는 진짜 정리다.

## 처음부터 완벽한 정리에 욕심 내지 않기

세상에 어떤 것도 처음부터 완벽할 수 없다. 모든 사람들이 다 처
음에는 서툴지만 시간이 갈수록 더 잘하게 된다. 어떤 누구도 나
에게 정답을 가르쳐줄 수는 없다. 자신만의 속도로 살림을 하다
보면 어느 순간 나를 위한 정리 나를 위한 정리법을 만날 수 있다.

# 스트레스와 무리는 금물

만병의 근원인 스트레스~! 어떤 일도 스트레스가 되면 안 된다. 내가 편하려고 정리를 하는 것이므로 급할 것도 서두를 것도 없다. 내 속도에 맞춰 천천히 무리 없이 해야 한다.

## 타임 정리법

정리하는 것을 좋아하지 않는 분들에게 추천하고 싶은 방법이다. 5분 정리법, 10분 정리법 등 자신만의 규칙을 정해서 정리를 해보자. 거실바닥에 널부러져 있는 물건들을 제자리에 찾아주는 5분 정리법만으로도 깔끔한 거실을 만날 수 있다. 이런 작은 성취감이 거실바닥에서 주방까지 이어지다 보면 5분이 30분으로 거뜬하게 늘어날 수도 있다.

## 어마운트 정리법

매일 꾸준히 정해진 양만큼 정리하는 정리법이다. 무리하게 몰아서 정리하느라 몸살이 나는 분들을 종종 보는데 그런 분들을 위한 정리법이다. 정리할 양을 정해놓고, 그만큼 정리하는 것이다. 예를 들어 서랍 한 칸을 정리하려고 정했다면 오늘은 그것만 정리하는 방법이다. 하는 김에 그 한 칸이 두 칸, 세 칸의 정리로 이어지기도 한다.

# 비움은 유지다

양에 집착하지 말고, 한꺼번에 많은 양을 비우지 않아야 한다. 필요한 물건을 비우고 다시 사거나 극단적으로 많이 비우고 나서 공허함에 더 채울 수도 있다. 물건 다이어트도 유지하는 것 또한 쉬운 일은 아니다. 비웠으면 유지하는 것 까지가 진짜 비움이다. 천천히 비우고 유지하는 일이 진짜 마무리다.

노동을 줄이는 청소습관
4장

나만의 살림루틴은 정말 중요하다. 한 번에 많은 양의 살림을 하게 되면 몸도 상하고, 해도 해도 지치니 살림은 점점 더 하기 싫은 것이 되고 만다. 나의 라이프에 갖춰 힘들지 않게 내가 할 수 있는 만큼 알차게 계획을 해보자. 그때그때 조금씩 계획적으로 살림을 하면 힘쓰고 지치게 대청소 살림을 하지 않아도 된다.

## 주 5일제 살림계획표 짜기

요일제 살림계획표는 처음부터 모두 완벽하게 계획할 수 없지만 남과 비교하지 않고 내 속도와 스타일에 맞게 조율해서 내가 할 수 있는 만큼 살림계획표를 작성하면 된다. 나는 팔이 아픈 이후

로는 전보다 더 횟수를 줄여서 가볍게 살림을 하고 있다. 살림루
틴은 한 번에 만들어지는 게 아니다. 여러 번의 시행착오를 거쳐
나에게 맞는 걸로 잘 잡아보자.

| 주 5일제 살림계획표 | |
|---|---|
| **매일 살림** | 청소기, 세탁, 빨래정리, 신발정리, 이불청소&물걸레 (주2회), 설거지, 칫솔살균기 청소 |

**요일제 살림 (월살림)**

| | |
|---|---|
| **월요일** | •밑반찬 만들기 |
| **화요일** | •냉장고 정리 청소 (월 2회) •오븐 청소 (월 1회)• 밥솥 세척 (년 2회) |
| **수요일** | •행주 삶기(주 1회) •베개 커버 세탁 •이불 빨래 (월 1회) |
| **목요일** | •청소기 필터 청소 (월 1회) •후드 청소 (월 1회) •창문 닦기 (돌아가며 월 1회씩) |
| **금요일** | •현관 청소 •조리도구 삶기 (월 2회) |
| **년 살림 (일요일)** | 쇼파커버 세탁 (년 3회), 세탁기 청소 (년 2회), 천장&벽면 (가끔은 신랑찬스 년 2회) |

내가 하기 싫은 집안일은 무엇인가? 하기 싫은 일은 횟수를 줄이
거나 가족과 함께하는 등 다양한 해결책으로 좀 더 여유를 가지
고 스트레스 받지 않게 하자. 나 같은 경우는 하기 싫은 일은 제일
나중에 하는 편이다. 먼저 하고 싶은 일을 끝낸 후 기분이 조금 좋
을 때 하면 힘이 좀 덜 든다. 반대로 하기 싫은 일을 먼저 하면 기
분이 다운돼서 하고 싶었던 다음일도 하기 싫어진다. 하기 싫은 일
을 어떻게 지혜롭게 해결할지 가족과 함께 고민해보거나, 또는 스
스로 방법을 찾아내면 좋다.

10년차 주부의 현실적
노하우 공개~

SCAN ME

## 매일 살림

새벽에 신랑 도시락을 준비하며 하루를 시작한다. 컨디션에 따라 내 시간을 잠깐 보내고 잠을 한두 시간 청하기도 한다. 청소는 새벽에 가볍게 바닥 걸레질과 가구 선반 등 먼지제거를 하고 끝낼 때도 있고, 아이들이 일어나면 세탁기를 돌리고 등원 후에 청소를 시작하여 오전 시간 안에 모두 마무리한 후 나의 시간을 보낸다.

## 요일제 살림

- 밑반찬 만들기 (월요일)
- 냉장고 정리 청소 (화요일), 밥솥 세척, 오븐 청소(월 1회)
- 행주 삶기, 베개 커버 세탁 (월 2회 수요일), 이불 세탁(월 1회)
- 청소기 필터 청소(목요일: 월 1회), 후드 청소, 창틀 창문 닦기(월 1회)
- 현관 청소, 조리도구 삶기(금요일: 월 2회), 냄비&주전자 세척(연 3회)

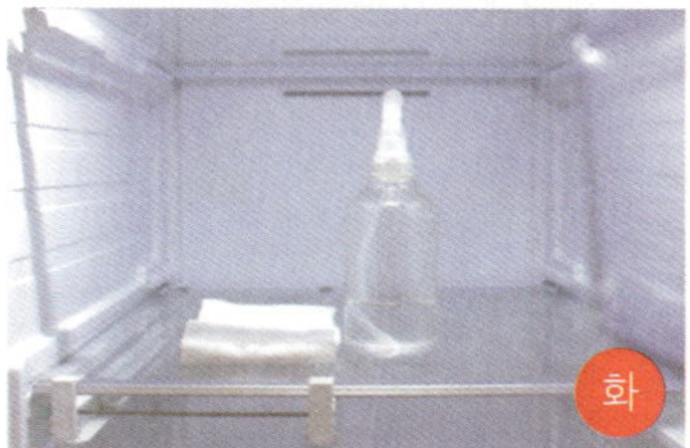

# 천연세제와 화학세제 사용법

## 천연세제: 모든 세제는 따로 따로 하나씩 사용한다

### 베이킹소다

베이킹소다+구연산+식초를 함께 사용하면 세정력이 떨어진다. 염기성(베이킹소다, 과탄산소다)과 산성(구연산, 식초)이 만나면 중화작용으로 세정력이 약해지므로 함께 쓰지 않아야 한다. 보글보글 거품이 생기는 것을 세정되고 있다고 생각하는데 잘못된 상식이다. 이때 발생하는 가스는 산의 휘발을 돕고 호흡기에도 좋지 않다.

베이킹소다로 다양한 청소를 할 수 있다.

  1) 변기청소 : 변기에 2스푼 정도 넣고 10분 방치 후 물을 내린다. 욕실, 주방, 배수구 청소에도 유용하다.

  2) 탄냄비 : 물과 베이킹소다 몇 스푼을 넣고 끓인다. 가스레인

지, 세탁조 청소에도 좋다.

3) 기름기가 많은 팬&식기류 등 설거지 : 베이킹소다를 뿌린 후 문지른다.

4) 주방 후드 청소 : 베이킹소다를 뿌린 후 따뜻한 물로 15~20분정도 불린다.

5) 스테인리스 제품 세척(수저, 식기류 등), 채소&과일 세척, 냉장고 청소

6) 패브릭 종류 청소 : 침대, 쇼파 등에 뿌리고 10분 방치 후 청소기로 청소한다.

## 구연산

구연산은 강한 산미를 가지고 있는 100% 천연제품으로, 식초보다 산성이 강하며 용량대비 가격이 매우 저렴하다는 장점이 있다. 구연산(산성)이 물때(염기성)를 만나 물때를 제거해준다. 구연산을 희석하면 욕실 변기, 욕실 줄눈 등 물때 제거에 효과적이다. 세탁 마무리에 유연제 대신 넣어주면 옷감이 부드러워지는 효과가 있다. 신발 천연탈취제로 사용할 경우 꼭 하루 정도 말려두고 신어야 세균 걱정 없이 신을 수 있다.

단, 강한 산성물질이므로 피부에 자극이 있을 수 있기에 사용할 때 고무장갑을 착용해야 한다. 미세한 가루이기 때문에 가루가 날려 호흡기로 들어갈 경우 폐에 좋지 않은 영향을 미칠 수 있다. 구연산을 편하게 사용하기 위해서는 구연산수를 미리 만들어 보관

하면 좋다. 구연산은 스테인리스 제품의 경우 용이하지만, 철의 경우에는 부식이 일어날 수 있기 때문에 주의한다.

1) 2% 구연산수 : 물 200ml + 구연산 1t스푼

(1t스푼 = 5ml = 5cc = 5g = 1작은술 = 약 1밥숟가락)

주방도구, 도마, 장난감, 놀이매트 등에 뿌려 살균하고 닦아낸다.

2) 5% 구연산수 : 물200ml + 구연산 2t스푼

씽크대, 화장실(벽, 바닥, 세면대, 배수구), 현관 타일 청소에 좋다. 주전자(전기포트), 텀블러는 구연산을 넣고 끓이면 물때, 미네랄 얼룩 등이 깨끗하게 제거된다. 스테인리스 제품은 마무리 헹굼 때 구연산으로 헹구면 물때가 제거되어 반짝반짝한다.


## 과탄산소다

과탄소다는 염기성으로 친환경 산소계 표백제이다. 과탄산소다는 살균과 표백, 기름기 제거 효과가 있어서 우리가 사용하는 세탁세제에 많이 들어 있는 성분이다. 따뜻한 물에 잘 녹아 강력한 산화작용을 일으키므로 누렇게 변한 흰옷을 빨래할 때 효과적이다. 과탄산소다는 계면활성제가 들어 있지 않아 세척 효과가 크지 않으므로 세탁세제와 함께 세탁해야 한다.

> **과탄산소다 활용법 = 과탄산소다 5g : 물 5L 비율**

흰 빨래, 면생리대, 하얀 이불, 행주 삶기 등에 효과적이다.
행주를 삶을 때 효과적이지만 20분 이상 삶지 않는다. (행주 삶기

는 50p 참조) 흰 빨래를 할 때는 30분 정도 담가둔 후 세탁한다. 너무 오래 담가두면 옷이 상할 수 있으니 주의한다.

스테인리스 제품은 과탄산소다 몇 스푼과 물을 넣고 끓인 후 구연산으로 마무리 세척하면 새것처럼 깨끗해진다. 후드의 찌든 때는 베이킹소다보다 과탄산소다를 사용하는 것이 더 효과적이다. 금속제품이라 변색의 우려가 있으니 주의해서 사용해야 하기에 너무 뜨거운 물 말고 과탄산소다가 녹을 정도의 따뜻한 물(60도 정도)에 5분 정도 담근 후에 세척한다.

과탄산소다는 알칼리 성분이 강해서 맨손으로 만지면 안 되고 꼭 고무장갑을 착용(피부에 물집이나 화상을 입을 수 있다)하고 사용해야 한다. 따뜻한 물과 섞을 때 과산화수소가 기체로 생성된다. 이때 많은 양을 호흡하면 호흡기 자극이 되고 눈이 따가울 수 있다. 과탄산소다를 사용할 때 행주를 삶거나 청소 등을 할 때 환기는 필수이고 밀폐된 공간에서 사용하지 말아야 한다.  색깔 옷은 탈색될 수 있으니 주의하고 금속제품이 달려 있는 옷(금속 지퍼, 금속 단추 등)은 부식될 수 있으니 주의한다. 또한 베이킹소다와 함께 사용하면 효과가 떨어질 수 있다.
유튜브 영상에서 자세하게 확인해보세요.^^

## 화학세제 사용

### 주방세제

우리가 매일 설거지하는 식기에는 보이지 않는 잔여 세제가 남아

양으로 환산했을 때 일 년에 소주 1~2컵을 먹는다고 한다. 주방세제는 뒷면 표기사항에 맞춰 물1L에 주방세제 1.5mL 희석해서 써야 한다고 한다. (친환경 살림 설거지 비누 210~212p 참조)

## 락스

락스는 곰팡이가 났을 때 주로 사용한다. 락스는 다른 세제와 섞어서 사용하지 말아야 한다. 락스 성분은 차아염소산 나트륨으로 계면활성제, 액체형 표백제, 산성세제, 산소계 표백제 등 어떤 세제와도 함께 섞어 사용하면 살균력과 세정력을 떨어뜨릴 수 있다. 또한 염소가스가 발생되기에 절대 같이 사용하면 안 되고 단독으로 사용해야 한다.

락스를 사용할 때는 산성 세제와 반응하면 염소기체를 발생시키기 때문에 사용할 때는 충분히 환기한 후 마스크와 고무장갑을 착용 후에 물과 1:300~1:500 정도 희석해서 사용해야 한다. 뜨거운 물 사용 시 염소가스가 발생할 수 있기에 찬물로 희석해서 사용하고 밀폐된 공간에서 사용하면 안 된다. 환기는 필수다.

락스 성분은 피부에 튀거나 닿게 되면 염증 반응이나 피부 손상이 발생할 수 있다. 청소를 할 때는 옷감에 닿으면 변색이 되어 복구가 되지 않으므로 평소에 입지 않는 옷(긴 옷과 긴 바지)을 입고 청소를 해야 한다. 분무기의 입자가 날려서 피부나 호흡기에 닿을 수 있으므로 분무형태로 사용이 필요하면, 분무기 형태의 제품이 시중에 나와 있으니 참고하자.

살림은 내가 편하게 할 수 있어야 한다. 청소 또한 마찬가지다. 나만의 청소 규칙을 만들고 루틴을 만들어가면 쉽다. 나의 살림루틴 중 청소와 관련된 루틴 몇 가지를 소개해본다. 독자 여러분도 응용하여 자신만의 청소규칙을 만들어보기 바란다.

## 바닥에 물건을 두지 않는다

노동과 시간을 줄이는 살림루틴 중 하나로, 내가 절대 하지 않는 규칙 중 하나가 바로 바닥에 물건을 두지 않는 것이다. 미니멀라이프를 하기 전부터 나는 바닥에 무엇을 두는 것을 싫어했다. 어

릴 때부터 엄마의 가벼운 살림을 배우고 살아서일 수도 있다. 어릴 때 환경이 그대로 이어져 친정엄마의 습관을 물려받은 걸 보면 우리 아이들도 나를 얼마나 닮을지 기대된다.

물건을 사용하고 자꾸 바닥에 두고 치우지 않는지 한번 살펴보자. 조금 귀찮더라도 방황하고 있는 물건의 집을 찾아주는 일을 미루지 말고 해치워보자. 물건을 자꾸 바닥에 두면 몸을 굽히게 되고, 청소하기 전에 바닥에 있는 물건을 치우느라 시간을 허비하게 된다. 바닥에 아무것도 두지 않는 큰 이유는 나의 노동을 줄이기 위한 꼼수다.

물건을 바닥에 두지 않는 규칙의 제일 중요한 포인트는 배려다. 아이들 어릴 때 작은 장난감이 발에 밟혀서 아파했던 경험은 한번쯤 다 있을 것이다. 사소한 행동이 가족에게 피해를 줄 수 있다. 물건을 바닥에 두는 것도 피해지만 제자리에 두지 않으면 사용하려고 찾는 가족에게도 피해다.

수건을 의자에 걸어두면 한 사람이 두 사람이 반복하고 세 사람이 되는 현상이 생긴다. 물건도 그렇다. 하나를 어지르면 두 개가 되고 세 개가 된다. 바닥에 물건을 두지 않는 행동은 상대를 위한 소소한 배려도 된다.

가족 중에는 바닥을 어지르는 사람이 있을 수 있다. 퇴근 후 꼭 세탁실에 빨래를 갖다 놓지 않고 쇼파나 식탁에 올려두거나 바닥에 벗어 놓는다면 서로 불편하지 않는 합의점을 찾아 해결해야 한다. 세탁바구니를 꼭 세탁실이 아닌 현관 앞이나 화장실 앞, 자기 방 등 벗어 놓는 자리에 갖다놓게 하자. 서로 배려하는 합의점을 찾아서 해결해보자.


## 1&1법칙 적용하기

살림의 노동시간을 줄이기 위한 효율적인 방법으로, 한 번 사용하고 한 번에 정리하는 1&1법칙이 있다. 책상과 선반 등에 적용하면 좋다. 책상이나 선반에 아무것도 올려두지 않으면 먼지를 닦지 않아도 되고, 딱 필요한 것만 올려두는 '개수의 규칙'을 지키는 것도 좋다. 매일 사용하는 것은 바로 찾아서 사용하고 바로 정리할 수 있는 1&1법칙을 적용해보자.

내 책상은 콘센트를 숨기기 위한 책꽂이와 바인더, 다이어리 등 내가 매일 사용하는 것을 꽂아두는 책꽂이, 딱 두 개만 두었다. 물론 서랍에 모두 다 넣어서 깔끔하게 사용해도 되지만 난 이 방법이 더 편해서 이렇게 하고 있다. 아이들도 딱 필요한 것, 문제집과 사용하는 공책 등만 올려두고 책상 위를 관리하도록 해주었다.

## 청소가 쉬운 가구 선택

편하게 청소할 수 있는 좋은 방법 중 하나는 가구를 구매할 때 다리가 있는 가구(청소기가 들어갈 정도의 높이)를 선택하는 것이다. 이사 와서 가구를 구매할 때 모두 다리가 있는 가구를 골랐다. 다리가 있는 가구는 바닥 틈새를 일부러 청소할 일이 없어서 위생적으로 사용할 수 있다. 먼지가 쌓이지 않게 매일 청소를 할 수 있으니 나에게 청소가 쉬운 가구의 선택은 필수다.

전에 아이방에서 사용했던 비움한 서랍장과 거실 티비장도 모두

다리가 있는 가구였다. 지금은 거실 소파도 다리가 있는 것을 선택해서 따로 시간을 내서 먼지를 청소하지 않는다. 안방침대도 청소하기 좋게 높이가 있게 주문제작했다.

두 번째는 바퀴가구를 활용하는 방법기다. 바퀴가 있어서 이동이 편하고 이동할 수 있으니 청소할 때 편한 장점이 있다. 우리집은 바퀴 가구는 책상 옆 서랍장, 주방에 쌀통과 틈새장, 아이방 침대 밑 서랍 2개, 아이방 행거까지 바퀴가 있어서 언제든 빼고 넣고 편하게 청소를 한다. 수건 수납장도 바쿠를 달아 리폼해주니 청소할 때 너무 편하고 좋다. (54p 참조)

다리가 없는 가구는 극세사 양말로 먼지를 청소해주고 가구 위나 냉장고 위 등은 신문지를 깔아 먼지가 쌓이면 분무기를 뿌리고 신문지를 교체해주면 된다. (친환경 청소 아이디어 229~230p 참조)

5장
반짝반짝 공간살림

집은 쉼과 휴식의 공간이다. 공간에서 전해지는 에너지는 나와 가족 모두에게 아주 중요한 문제이다. 나에게 딱 맞는 예쁜 공간을 만드는 깔끔하고 단정한 인테리어 9가지 법칙을 소개해보려고 한다. 실패 없는 홈스타일링이 될 것이다.

## 전체 공간은 2in1 컬러 법칙으로

인테리어의 성공은 컬러에 의해 좌우된다고 해도 과언이 아닐 정도로 컬러의 선택은 중요하다. 깔끔하고 단정한 인테리어 법칙 첫 번째는 전체 공간(가구, 벽지, 바닥)을 2가지 색상에 1포인트를 주는 '2in1 컬러 법칙'이다.

공간에서 컬러가 주는 힘은 생각보다 아주 크다. 매일 생활하는 집의 인테리어 컬러는 집안(에너지) 뿐 아니라 분위기를 좌우한다. 전체적으로 단정하고 예쁜 인테리어는 공간 전체의 바탕이 되는 베이스컬러와 공간의 분위기를 만드는 포인트 컬러의 자연스러운 연결에서 만들어진다.

인테리어 색 조합의 중요한 원칙은 3가지 이상의 색을 쓰지 않는 것이다. 3가지 이상의 컬러를 조합하면 정신없어 보일 뿐 아니라 물건이 없어도 자칫 지저분해 보일 수 있다. 모두가 사용하는 공간일수록 눈에 보이는 인테리어 색감에 더욱 신중해야 한다.

공간은 나뿐 아니라 가족 모두에게 영향을 주기에 전체적인 공간의 컬러 비율의 조합은 7(베이스컬러) : 2.5(연결컬러) : 0.5~1(포인트컬러) 정도가 적당하다. 이 비율이 내가 살림을 하면서 터득해 낸 이상적이면서 안정적인 색조합이다.

지금 살고 있는 집으로 이사를 하고 리모델링을 할 때 내가 정한 기준은 딱 세 가지였다. 첫째, 밝고 환하며 따뜻한 느낌이 났으면 좋겠다. 둘째, 가족 모두 편안한 에너지를 느낄 수 있는 공간 만들기였다. 셋째, 금세 이사갈 것이 아니기에 오래 머물러도 질리지 않는 공간 만들기였다.

우리집은 오래된 빌라라 거실과 주방이 좁은 구조다. 좁은 집일수록 바닥색과 벽색을 밝은 색으로 통일해야 공간이 넓어 보이는 착시효과가 생긴다. 바닥과 벽지 컬러는 가구처럼 맘에 안 든다고 쉽게 바꿀 수 있는 게 아니므로 신중하게 고민하고 결정했다.

전체적인 베이스 컬러는 아이보리로 잡았다. 화이트가 깔끔함을 담은 색이라면 아이보리는 따뜻함을 더 담은 컬러다. 벽지와 바닥을 아이보리색으로 하여 따뜻한 분위기를 만들어주었다. 가구는 아이보리와 어울리는 원목을 선택했다. 포인트 컬러는 다운된 베이비핑크 컬러를 조합하여 나만의 '2in1 컬러 법칙'을 활용했다. 내가 이사할 때만 해도 블랙&화이트 북유럽 인테리어가 유행이었지만 나는 내 취향대로 꾸몄다. 유행을 쫓거나 남들을 따라하는 인테리어는 추천하고 싶지 않다. 자신의 취향을 존중하고 자신이 좋아하는 컬러를 집안 공간에 색감에 맞게 시도하는 것도 인테리어를 완성하는 하나의 도구가 될 것이다.

공간의 포인트 컬러를 잘 활용하면 멋진 인테리어를 완성할 수 있다. 포인트 컬러는 너무 강한 색보다는 메인 컬러보다 한 톤 다운된 색감을 조화롭게 연출해보면 더 멋진 인테리어 공간을 만날 수 있다. 우리집 포인트 컬러를 핑크 중에서도 다운된 베이비핑크를 선택한 이유이기도 하다. 깔끔하고 따뜻한 아이보리(화이트)에 어울리는 사랑스럽고 로맨틱한 베이비핑크의 조합은 더 없이 사랑스러운 공간을 연출해준다.

실패 없는 인테리어 색 조합으로, 화이트와 그레이의 만남도 차분하고 고급스럽다. 그레이와 핑크 조합 또한 예쁘고 모던한 느낌에 질리지 않는 색 조합이다. 아이들 방 이불을 봄에 그레이색 패드와 베이비핑크 이불의 조합으로 해주었더니 화사하고 예뻤다. 취향에 맞게 포인트 컬러로 질리지 않는 색 조합을 해보면 좋다. 특히 좁은 집일수록 인테리어 색 조합을 이렇게 해보면 잘 어울린다.

- 화이트+화이트
- 아이보리+아이보리
- 화이트+그레이+베이비핑크
- 화이트+아이보리
- 화이트+그레이

반대로 집이 넓다면 화이트+블랙도 후회 없는 조합이다. 인테리어 색 조합을 모르는 사람이라도 누구나 성공할 수 있는 컬러 조합이다. 넓은 집은 벽면과 바닥컬러를 꼭 같은 색으로 하지 않아도 괜찮고, 바닥을 조금 어두운 브라운컬러로 해도 중후한 멋이 난다. 벽면은 멋스럽게 패턴이나 포인트 벽지를 사용해도 좋다. 벽지와 바닥에 컬러를 꼭 밝은 색으로 통일하지 않아도 또 다른 분위기를 연출할 수 있다. 넓은 집은 바닥을 짙은 색으로 하고 벽면과 천장을 밝은 색으로 해도 차분한 분위기를 만날 수 있다.
컬러를 어떻게 사용하느냐에 따라, 좁은 집을 더 좁게도 반대로 더 넓게도 보이게 만들 수 있다. 공간의 컬러에 따라 따뜻한 느낌을 받을 수도 있고 차가운 느낌을 받을 수도 있다.

2in1 컬러 법칙을 잘 활용하여 가족 모두가 함께 포근하고 따뜻한 공간으로 만들어보자.

## 가구 선택, 가구의 색감 선택

깔끔하고 단정한 인테리어 법칙 두 번째는 가구 선택과 가구 색감 선택이다.

공간의 크기에 맞는 가구를 선택하는 것은 선택이 아닌 필수다. 사람도 자신의 몸에 맞는 사이즈의 옷을 입어야 하듯 가구의 선택도 그렇다. 우리집 소파는 3인용인데, 크기와 디자인을 보고 체험단에 신청해서 당첨된 가구이다. 큰 가구 예쁜 가구 모두 좋지만 공간에 맞는 사이즈의 가구를 선택해야 한다.

가구를 고를 때 중요한 3가지 요소는 실용성, 디자인, 컬러의 선택이다. 활용도가 높아야 하고, 오래 사용해도 질리지 않는 심플한 디자인, 우리집 인테리어와 어울리는 통일감 있는 컬러를 선택하면 좋다. 가구의 색감은 공간의 분위기와 느낌을 좌우할 뿐 아니라 가구는 한 번 구매하면 오랫동안 사용하기에 현명하게 선택

해야 한다. 나는 비싼 가구를 고집하지 않고 발품 팔아 비슷한 색감과 분위기를 내는 디자인을 찾아내 공간에 배치했다. 우리집은 베이스 컬러가 아이보리 색이므로 가구도 원목 느낌이 나는 아이보리 색감의 가구를 선택했다. 전체 공간과 어우러지는 창문이나 가구, 바닥, 벽의 색감은 통일감이 있어야 안정적이다. 부피가 크고 공간을 차지하는 요소인 대가구, 소가구, 커튼 등도 시선을 잡는 중요한 요소기에 같은 톤으로 맞추면 좋다.

우리집 가구의 비밀은 아이들 방 가구, 티비 선반장, 안방 화장대 서랍까지 모두 한 곳에서 구매한 세트가구다. 돈도 아끼고 공간 인테리어까지 둘 다 잡을 수 있었다. 같은 디자인을 선택해서 전체적으로 통일감을 주어 공간이 더 안정적으로 보이는 효과를 극대화시켰다. 반전은 발품을 팔아 B급 가구매장(반품&기스 가구를 파는 곳)에서 구매한 B급 제품이라는 것이다. 꼭 비싼 브랜드 제품이 아니어도 저렴한 가격으로 오래 사용할 수 있는 가구, 얼마든지 좋은 제품의 예쁜 디자인을 만날 수 있다. 명품을 입는다고 해서 모두 명품처럼 보이는 게 아닌 것처럼, 내 공간의 가치도 내가 만들어갈 수 있다. 우리집 인테리어는 온라인 집들이에 소개가 되었을 뿐 아니라 요즘도 종종 가구에 대한 문의를 받는다. 브랜드 가구는 아니지만 유행을 타지 않는 심플한 디자인으로, 우리집에 어우러진 색감을 선택했기에 후회 없이 잘 사용하고 있다.

가구의 통일성이 없으면 단정하고 예뻐 보이는 인테리어와는 거리가 멀어진다. 우리집 인테리어가 통일감이 없어 보인다면 가구 선택이 잘못되었을 수도 있다. 가구의 컬러와 디자인은 최대한 유행을 타지 않는 심플한 것으로 선택하면 나중에 후회하지 않을 확률이 높다.

또 다른 팁 하나는 브랜드나 색감을 고려해서 세트로 함께 구매했다면 떨어뜨려 놓지 말고 함께 붙여 놓아야 한다. 각각 따로 배치되어 있다면 그것 또한 인테리어를 해치는 방법이다. 다른 색감의 가구를 섞어 배치했을 경우, 지저분해 보일 수 있으며, 세트 가구는 함께 놓는 것이 단정하고 깔끔하게 보인다. 이때 아무리 비슷한 색감도 같은 브랜드가 아닌 이상 세트만큼 단정해 보이진 않으므로, 가구를 따로 구매할 때는 같은 브랜드를 구매하는 것을 추천한다.

또한 창문이나 붙박이가구를 비슷한 색감을 사용하면 눈에 잘 띄지 않아 공간을 넓어 보이게 하는 효과가 있다. 반대로 바닥보다 진한 색감의 창문이나 가구를 사용하면 넓은 집은 멋스럽지만 좁은 집은 긴장감을 형성해서 더 좁아 보일 수 있다.

## 가구 높이와 배치법

### 가구 높이의 법칙

공간의 답답함은 높이에서도 결정된다. 가구의 높이에 따라 좁은 공간도 답답해 보이지 않을 수 있다. 천장을 높일 수 없지만 우리는 낮은 가구로 공간을 답답하지 않게 만들 수 있다. 낮은 가구의 중요성만큼 중요한 것은 높은 가구의 올바른 배치법이다. 높은 가구를 사용해야 한다면 현명한 배치법도 있으니 함께 살펴보자.

## 거실

거실은 가족이 함께 공유하는 공간이자 가끔 손님들과 함께하는 공간이기도 하다. 거실은 사각지대가 없이 한눈에 모두 보여지는 공간이다.  답답해 보이지 않도록 최대한 아늑하고 쾌적한 공간으로 만들어주는 것이 좋다. 편안하고 아늑한 공간을 위해 가구의 높이가 중요한 역할을 한다. 두 가지 법칙을 기억하면 된다.

첫 번째 '가구 높이의 법칙'이다. 거실 바닥에서 천장 높이까지 1/2 ~ 2/3 높이를 넘지 않는 가구를 선택하는 것이다. 높은 가구는 시야를 더 답답하게 하므로 작은 공간일수록 낮은 가구의 선택은 필수다.

두 번째는 거실창을 가리지 말자. 좁은 집 거실은 특히 창을 가려서는 안 된다. 좁은 집은 아무리 낮은 가구라 해도 거실창을 가리면 시야를 답답하게 만든다. 거실이 넓다면 포인트 가구나 식탁을

거실로 옮긴다고 해도 답답해 보이지 않지만 작은 거실은 창을 가리면 시야뿐 아니라 더 좁고 답답해 보이기에 좁은 집은 창을 가리지 말아야 한다.

## 아이방

아이방은 아이가 매일 시간을 보내는 중요한 공간이다. 매일 공간의 에너지를 받으며 성장한다. 아이방은 수납과 실용성만큼 중요한 것이 가구의 높이다. 아이의 발달과 정서에도 큰 영향을 주기 때문에 가구는 아이들의 눈높이에 맞고 답답해 보이지 않도록 천장 높이 최대 2/3를 넘지 않는 가구가 좋다.

가구 선택만큼 중요한 게 가구 배치인데, 아이의 성향과 동선에 맞춰 배치하면 좋다. 가구 높이와 배치에 따라 아이방의 분위기가 달라지며, 놀이와 학습에 능률이 올라기기도 한다. 우리가 지금의 집으로 이사했을 때만 해도 ○샘 5단책장이 한참 유행을 했는데, 나는 아이들 눈높이에 맞춰 낮은 3단 책장과 수납장, 작은 책상 등 낮은 가구를 선택해서 배치했다.

책장이 높아 답답하다면 옆으로 눕혀서 낮은 책장처럼 사용하는 방법도 있다. 아이가 어릴수록 아이방에는 2/3 높이 법칙을 적용해줘

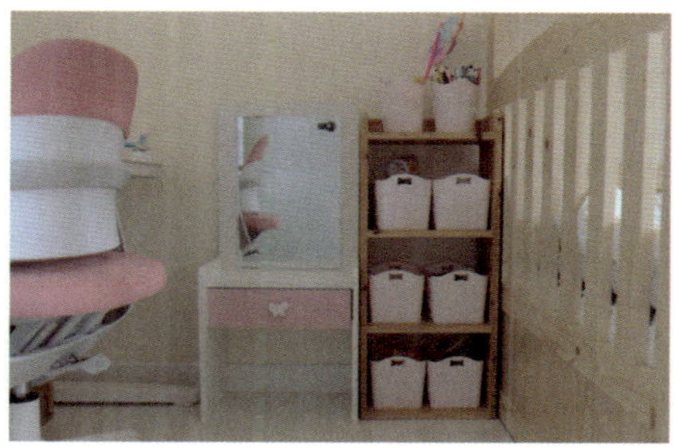

야 한다. 어떤 가구를 선택하느냐 만큼 중요한 게 가구의 높이라
는 것을 기억하자.

## 높은 가구 배치 활용법

공간마다 필요한 가구는 다르기에 높은 가구가 필요한 경우도 있
다. 가구의 활용도를 생각하면 키가 높은 가구는 수납력이 훨씬
좋다. 높은 가구를 선택해서 배치해야 한다면 배치활용법 4가지
만 기억하면 된다.

첫째, 색감은 어두운 색보다 밝은 색으로 선택하자.

밝은 색을 선택하면 훨씬 깔끔하고 환한 느낌이 더해져서 공간이
덜 답답해 보인다. 방이 넓다면 어두운 계열도 나쁘지 않지만 좁
은 방이라면 밝은 색으로 선택하는 게 좋다. 또한 수납을 많이 한
다면 같은 색 책꽂이나 같은 색 상자로 색의 통일감을 준다면 훨
씬 더 정돈되어 보인다.

반대로 공간이 넓다면 묵직한 느낌의 어두운 브라운 컬러나 블랙
을 활용해도 멋스럽고 고급스러운 느낌을 연출할 수 있다. 어두운

브라운 오크 색상이나 블
랙컬러만의 멋스러운 분
위기는 밝고 화사한 느낌
과 또다른 공간을 탄생시
켜줄 것이다. 무엇보다 내
가 사는 공간에 맞춰 예

쁘고 실용성 있는 높은 가구를 선택하자.

둘째, 비슷한 재질로 선택하자.

가구를 배치할 때 세트가구가 아니라면 세트가구를 배치하는 것과 비슷한 이치로 같은 재질의 가구를 선택해서 배치하면 된다. 다른 재질의 가구를 섞어서 배치하는 것보다 깔끔하고 단정해 보인다. 예를 들어 우리집 서재방에는 높은 스틸 재질의 책장을 놓았는데, 가구도 똑같은 스틸 재질로 구매해 배치했다. 비슷한 재질을 함께 놓으면 정돈되고 깔끔한 느낌이 든다.

셋째, 비슷한 높이의 가구를 구매해서 함께 배치하자.

공간이 답답하다고 해서 낮은 가구를 높은 가구와 함께 배치하면 가구의 높이 차이 때문에 오히려 불안해 보인다. 높이를 비슷하게 맞추는 게 효과적이다. 좁은 공간이라 수납이 걱정되어서 높은 가구를 선택해야 한다면 옆으로 긴 가구를 선택하거나 수납이 되는 서랍 가구를 선택하길 권한다.

넷째, 깔끔함을 극대화하자.

문이 없는 보여지는 수납장이나 책장 등은 깔끔해 보이려면 수납제품을 보이는 바구니보단 보이지 않는 제품을 추천한다. 수납 바구니나 상자 또한 정돈된 느낌을 더 올려줄 수 있도록 가구와 같은(비슷한) 색감을 배치하거나 깔끔한 화이트 계열 제품을 추천한다. 상황이 된다면 붙박이 같은 맞춤형 가구가 공간을 활용하기에 좋다.

## 대각선 공간의 중요성

입구에서 보이는 대각선 공간에 따라 공간의 첫인상이 결정된다. 대각선은 방문을 열고 제일 먼저 보게 되는 공간이기에 물건이나 가구로도 공간의 첫인상이 확 달라질 수 있다. 대각선에 너무 높은 물건은 피하고 포인트 가구를 두면 좋다. 아이들 방은 어릴수록 특히나 물건(장난감과 책)이 많아서 문을 열었을 때 답답해 보이지 않도록 더욱 주의한다.

대각선에 답답해 보이는 높은 책장을 두거나 책장에 알록달록한 책을 꽂아두는 건 피하는 게 좋다. 높은 책장에 많은 책이 알록달록하면 정신없는 공간으로 보일 수 있다. 대각선은 비워즈거나 포인트가 되는 단정한 낮은 가구 또는 깔끔하게 안이 보이지 않는 수납장 등을 배치하는 것이 좋다. 사람도 첫인상이 많은 것을 결정짓든 대각선 공간의 첫인상도 매우 중요하다.

## 사각지대 활용법

높은 가구 등은 사각지대를 활용하면 좋다. 방 공간의 사각지대란? 문을 열었을 때 보이지 않는 방문 옆쪽 라인, 문 뒤쪽 등이 사각지대다. 높은 가구나 보이고 싶지 않은 물건 등은 사각지대를 활용하면 된다. 나는 안방에 사용하던 라탄행거를 문 옆쪽 사각지대에 배치해서 공간을 활용했다.

방 공간에 높은 가구를 잘못 배치하면 심리적 압박감을 줄 수 있다. 예를 들어 높은 가구 하나가 낮은 가구들과 어우르지 못한다면 높은 가구를 사각지대에 배치하면 된다. 넓은 공간을 부러워하기보단 좁은 공간을 잘 활용하는 팁들을 응용해보길 추천한다.

인테리어 전문가가 아니더라도 비움을 잘 활용하면 멋진 공간을 만들어낼 수 있다. 거실이나 방에 벽면은 1포인트의 액자나 러그 등의 소품으로 따뜻함을 더해줄 수 있다. 벽 포인트는 너무 크지도 작지도 않은 것으로 꾸미거나 깔끔하게 비워 두는 것도 좋다.

# 홈스타일링 1포인트 1/3 법칙

벽은 1포인트 바닥은 최대1/3을 남겨두자!! 소품을 활용할 때는 액자는 큰 액자를 포인트로 걸거나, 액자를 많이 거는 걸 좋아한다면 작은 액자를 몇 개 함께 모아서 걸어두는 것도 포인트가 된다. 조명을 포인트로 사용하는 것도 멋스럽다. 벽면 공간 스타일링의 주의할 점은 너무 과하지 않게 하는 것이다.

바닥공간은 최대한 발에 무언가가 걸리지 않도록 하는 게 중요하다. 바닥을 물건을 두지 않지만 한두 개 멋스럽게 두는 것도 나쁘지 않다. 나는 동선에 방해되지 않아 안방 문 뒤 바닥에 애물단지 결혼액자를 자연스럽게 내려놓았다. 청소하기 불편하지 않고 동선에 불편하지 않게 고려해서 바닥을 이용해야 한다. 심플하지만 따뜻하고 아늑한, 실패 없는 공간 스타일링, 벽 1포인트 바닥 2/3 법칙이다.

# 가구를 리폼하는 5가지 방법

공간의 마술, 가구의 변신은 무죄다. 가구를 바꾸고 싶다면 리폼으로 재탄생시켜보는 방법도 한번 고민해보자. 신중하게 고르고 선택했어도 사용하다 보면 싫증이 나고 바꾸고 싶어지는 게 사람 마음이다. 경제적으로도 부담 없고 간편한 가구의 리폼으로, 새 가구를 만난 설렘을 느껴볼 수 있다. 초보자도 누구나 할 수 있는 방법 다섯 가지를 소개하려 한다.

## 1. 가구를 조립하고 분해하기

가구를 분해하는 방법으로 색다른 공간을 연출해볼 수 있다. 가구의 조립부분을 분해해 아랫부분만 사용하거나 윗부분을 따로 사용하는 등 다양한 방법이 있다. 간단한 작업으로 색다른 새로운 공간이 연출될 수 있다. 돈도 아낄 수 있는 간편한 방법이다. 우리집에서 분해해서 사용하는 가구는 2개다. 라탄 수납장은 윗부분을 분해해서 옷걸이는 비우고 라탄 수납장으로 변신시켜 사

| 안방 화장대 분해 전 | 안방 화장대 분해 후 서랍장으로 변신 |

"

용하고 있다. 또한 안방 화장대는 몇 년을 사용하다 보니 화장대를 바꾸고 싶은 맘이 생겨 거울을 분해해 서랍장으로만 사용하고 있다. 깔끔하고 더욱 안정돼 보이는 효과가 있다.

## 2. 손잡이 교체

가구의 손잡이만 바꿔도 새 가구 느낌이 난다. 나사 두께를 체크하고 손품 팔아서 원하는 디자인의 손잡이를 구매하면 된다. 바니쉬가 발리지 않는 제품으로 몇 천원에 구매(바니쉬는 2천원에 사서 내가 발랐다)해서 신발장과 수납장의 손잡이를 모두 교체했다. 손잡이 교체만으로도 분위기 확 달라져서 빈티지한 느낌에서 따뜻한 원목 수납장의 느낌으로 바뀌니 새 가구를 얻은 느낌이다.

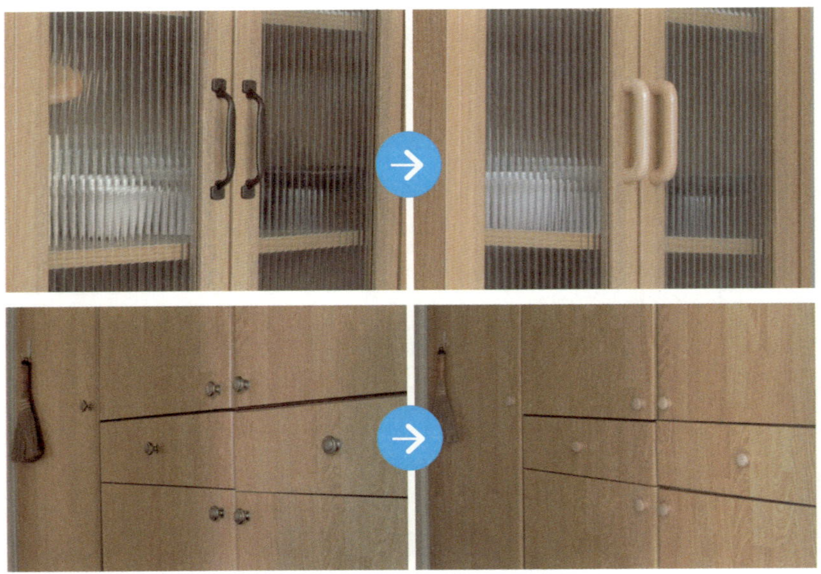

| 손잡이 교체 전 | 손잡이 교체 후 |
| --- | --- |

### 3. 바퀴 붙이기

나에게는 청소가 편한 가구
선택이 필수다. 바퀴 달린
가구를 살 수 없다면 리폼
하는 방법이 있다. 요즘은
다양한 가구의 바퀴가 나
와 있고 나사 없이 붙이는 바퀴도 크기별로 많이 나와 있어서 소
가구 정도는 충분히 붙여서 사용할 수 있다. 우리집 수건장도 잠
금 장치까지 되는 붙이는 바퀴를 사용하고 있어서 움직이지 않게
고정하니 사용할 때 단점이 전혀 없다.

### 4. 소가구 맞춤제작

우리집 화장대 의자로 사용
했던 라탄수납함 의자. 공
간도 많이 차지하고 불편해
서 비움을 했다. 이때 바구
니는 튼튼해서 버리지 않고
바구니 크기에 맞춰서 붙박이장 가구를 맞췄던 곳에 문의해서 5
만원에 맞춤제작했다. 버려졌다면 쓰레기였을 가구를 새롭게 재
탄생시킨 것이다. 버리기 전에 나눔이나 리폼 등 다양한 방법을 생
각해보자. 버려지는 가구는 쓰레기일 뿐 아니라 만들 때 사용되는
노동, 금전 등 다양한 것을 생각하면 가구는 살 때도 버릴 때도 모

두 돈을 버리는 것이다. 안에 내용물까지도 어떻게 할지 생각하고 몇 달을 두어도 사용하지 않는다면 그때 버려도 늦지 않다.

### 5. 시트지 작업

쉽고 간편하지만 확실한 가구 리폼은 시트지를 활용하는 것이다. 식탁이나 테이블 등 바꾸고 싶은 맘이 들 때 간단하지만 확실한 변화와 간편한 작업으로 쉽게 접근할 수 있다. 우리집 식탁도 화이트 식탁으로 바꾸고 싶은 맘을 접고 시트지로 리폼해서 원목의 따뜻함과 깔끔한 화이트 식탁으로 변신시켜 사용 중이다.
사용중인 가구를 바꾸고 싶다면 돈도 아끼고 누구나 쉽게 따라 할 수 있는 리폼을 활용해보자.

시트지로 리폼 전      시트지로 리폼 후

# 고객맞춤 공간

공간은 사용자에 맞춰서 "변화된 삶에 맞게 공간의 목적을 두는 것이다." 멋진 인테리어도 사용자가 불편하면 무용지물이다. 가족 공간은 내 생각을 버리고 사용자(가족)의 스타일과 습관&패턴, 취향, 상황에 맞춰 만들어줘야 한다. 또한 사용자의 특성, 물건의 종류와 양, 사용자의 동선을 존중해서 편하게 사용할 수 있는 공간을 만들어줘야 한다.

## 편견을 깨는 공간마술

공간에 대한 고정관념에서 벗어나면 얼마든지 다양한 공간을 탄생시킬 수 있다. 어느 공간이든 제대로 활용하지 않는다면 쓸모없이 방치되는 공간이 될 것이다. 집 어느 공간도 쓸모없는 공간은 없다. 작은 아이디어로 얼마든지 멋진 공간을 만들 수 있다.

우리집 베란다는 이사 올 때 짐이 많지 않아서 방치되어 쓸모없는 공간이 될 수도 있었다. 공간이 길고 좁아서 활용도가 낮았던 공간이다. 공간의 활용도와 스타일링, 두 가지를 고려해 백지상태의 도화지에 그림을 그리듯 공간의 마술사가 되어보았다.

보통은 짐이나 쌓아두는 버려지는 공간인 베란다를 아늑하고 예쁜 공간(케렌시아&슈필라움)으로 탄생시켰다. 긴 구조의 공간을 아이들의 놀이공간이자 독서하는 공간으로 만들었다. 한켠은 차 한잔을 마시며 휴식하고 재충전하는 나의 케렌시아 공간이다.

- 케렌시아: 몸과 마음이 지쳤을 때 잠시 휴식을 취하며 지친 심신을 재충전하는 공간
- 슈필라움: 휴식뿐만 아니라 온전한 자기다움을 되찾고 자신의 삶을 재창조할 수 있는 활동 공간

혼자만의 시간, 따뜻한 햇살을 받으며 글을 읽고 나에게 집중하는 공간이 되어준 곳이다. 낮에는 남향집의 따뜻함을 느낄 수 있으며, 손님이 왔을 때도 종종 사용되는 공간이다. 우리집은 베란다를 활용했지만 어떤 공간을 어떻게 변화시킬지 다양한 아이디어를 생각해 공간의 마술사가 되어보자.
어떤 공간도 의미 없고 쓰임이 없는 공간은 없다. 편견과 고정관념을 깨고 새로운 예쁜 공간을 만들어볼 수 있다. 어떤 공간이 어떻게 쓰일지 기대해보며 공간의 마술사가 될 독자들에게 마음 가득 응원의 메시지를 담아본다.

같은 평수 같은 구조라고 해도 누가 꾸미느냐에 따라 공간의 분위기가 달라진다. 평범하지만 편안하고 예쁜 집이 있고, 예쁜 인테리어에 비싼 물건이 넘쳐나도 불편한 집이 있다. 나의 취향이 가득 담긴 우리집 인테리어를 소개해본다.

## 휴식이 있는 단정한 거실

가족 모두가 함께 편안하게 쉬는 공간이기에 불필요한 것을 덜어내고 깔끔하게 인테리어를 했다. 언제든 손님이 와도 편하게 맞아줄 수 있는 단정한 공간을 유지하기 위해 가구와 소품의 색감도 통일감 있게 맞추었다.

1 햇살 가득한 따뜻한 거실은 언제나 나와 우리가족이 많은 시간을 보내는 소중한 공간이다.

2,3 티비고장으로 벽걸이 티비로 교체하면서 선반장도 비웠다.

4 남향집의 매력. 아침부터 저녁까지 종일 쏟아지는 햇살을 만날 수 있는 따뜻한 공간이다.

5 자투리 공간에는 선반장을 놓고 내가 애정하는 그릇장과 좋아하는 액자도 걸어두었다.

6 거실이 좁은 우리집은 평수에 맞게 작은 3인용 소파를 놓았다.

7 아이들이 있으니 평소에 거실매트를 깔아두고 생활하고 있다.

# 요리하고 싶은 사랑스러운 미니멀한 핑크 주방

매일 맛있는 요리가 탄생되는, 우리 가족에게 아주 소중한 공간이다. 내가 가장 많은 시간을 보내는 공간이다. 맛있는 음식과 맛있는 수다가 어우러져 웃음이 넘치는 공간이다. 사랑스러운 핑크 식기가 언제나 나를 맞아주는 공간. 내가 애정하는 식기로 가족의 식사를 차리는 이 공간은 언제나 즐겁고 행복한 에너지가 넘친다.

1 현재는 식탁을 리폼해서 화이트의 깔끔함과 원목의 따뜻함을 동시에 얻을 수 있는 공간이 되었다.

2 매일 사용하는 파스텔 그릇은 씽크 선반에 올려두고 사용하고 있다.

3 수납장 앞쪽에는 내가 애정하는 법랑 냄비를 올려두었다.

4 우리집 보이지 않는 틈새공간은 팬트리 공간으로 사용중이다.

5,6 아일랜드 수납장에는 밥통과 원목 쌀통을 놓고, 선반에는 내가 애정하는 물건들을 구비해두었다.

# 쉼이 있는 침실 안방

하루의 시작과 마무리 충전을 온전히 하는 공간, 침실에서 침구 선택은 아주 중요하다. 호텔방의 장점을 예로 들면, 최소한의 가구 컬러와 최소한의 가구 배치를 들 수 있다. 우리집 안방도 호텔방 부럽지 않게 깔끔하고 정돈된 공간으로 만들 수 있다.

매일 호텔 부럽지 않은 숙면을 위해 침실 안방에는 불필요한 것을 최대한 두지 않는다. 잠은 무엇보다 큰 보약이기에 침실 밝기에 예민한 나를 위한 암막커튼도 숙면을 위한 필수템이다.

전체적으로 조화를 이루는 컬러의 선택은 방안 분위기를 좌지우지한다. 이사 올 때 설치한 붙박이장은 좁은 집을 더 넓게 보이기 위한 착시효과로 화이트 컬러로 선택했다. 붙박이장은 브랜드 없는 공장 직영으로 착한 가격으로 맞춤제작해서 사용 중이다. 깔끔하고 위생적이어서 만족스럽게 사용 중이다.

1 라탄행거는 라탄수납장으로 잘사용중이다. 매일 사용하는 드라이는 바구니에 수납하고 수납장 위는 깔끔하게 사용하려고 노력하고 있다. (가구의 리폼 참조)

2 매일 입는 옷은 문고리 행거를 이용해서 안 보이게 걸어두고 옷 서랍장은 그대로 비워두고 사용중이다.

## 화이트 이불은 언제나 옳다

쉼과 휴식에서 빼놓을 수 없는 것이 화이트 침구 아닐까 생각이
든다. 화이트 침구의 장점은 심플하지만 질리지 않게 오래 사용할
수 있다. 인테리어의 진리, 화이트 색감은 어떤 공간에도 모두 잘
어우러지는 큰 장점이 있다. 내가 화이트 침실을 선호하는 가장
큰 이유는 편안하고 정돈된 느낌과 깔끔함을 주는 큰 장점이 있
기 때문이다.

화이트 색상도 다양하기에 세트 구매나 같은 브랜드를 구매하는 것이 좋다.

흰 침구는 관리가 힘들다는 단점을 꼽을 수 있지만 전혀 힘들이지 않고 사용할 수 있다. 세탁할 때 과탄산소다로 몇 달에 한 번 정도 세탁하면 매일 깨끗하게 새것 같은 화이트 침구를 만날 수 있다. 지금 사용하고 있는 침구도 이사 올 때 구매해서 7년 넘게 사용하고 교체했다. 매일 깔끔하고 정돈된 호이트 침구는 후회 없는 살림템이다.

흰색 침구를 거의 사용하지만 기분전환으로 봄에는 계절에 맞게 핑크 이불로 공간의 분위기를 바꿔주고 있다. 아이방도 계절별로 여름과 겨울에는 화이트, 봄가을에는 핑크 이불을 사용하고 있다.

## 사랑스러운 아이방

아이들의 공간은 아이들이 주인이다. 아이방은 밝고 통풍이 잘되어야 하고, 연령에 맞게 변화를 주는 것이 중요하다. 아이의 성장에 맞춰서 놀이방에서 공부방으로, 가구 교체, 물건 교체 등을 해주는 것은 당연한 일이다.

우리집에서는 둘이 함께 사용하는 2인용 책상을 사용하고 있다. 책상 구매할 때 아이들이 좋아하는 바퀴 없는 디자인으로 함께 구매해서 만족스럽게 불편함 없이 사용하고 있다. 2층 침대가 답답해 보일 수도 있으므로 책상은 책장이 없는 것을 선택했다. 책을 읽고 놀이하는 공간은 베란다 놀이공간을 활용하고 있어서 책장이 없어도 불편함이 없다. 책상 위에 필요한 책들만 파일 꽂이를 활용해서 심플하고 깔끔하게 사용하고 있다.

각자의 공간은 절대 부모가 간섭을 하지 않고 스스로 관리하고 스스로 결정하도록 해줘야 아이들이 자기 공간을 더욱 소중하게 관리할 수 있다.

1 아이방 높은 가구의 침대는 시야를 분산시키기 위해 착시 효과로 코튼볼로 꾸며주었다.

2,3 자기가 좋아하는 물건을 구비해서 사용하는 1호만의 공간

4,5 엄마가 만들어준 수국 꽃볼을 활용한 2호만의 공간

## 아이방의 가구 선택

아이방의 가구는 주니어 가구가 아닌 오래 사용할 수 있는 심플한 디자인을 선택한다. 주니어 가구는 색상이나 디자인은 너무 예쁘지만 아이가 금세 자라므로 실용적으로 사용하지 못한다. 신혼 초에 아이가 어릴 때 아이 서랍장을 구매한 적이 있었다. 공간만 차지할 뿐 안에 내용물 들어가는 공간도 작아 전혀 실용적이지 않았다. 이사 올 때 심플한 디자인을 선택해서 배치해주어 지금도 잘 사용하고 있다.

1,2 아이들의 소중한 추억의 물건은 무엇보다 좋은 인테리어 소품이 된다. 첫돌 때 입었던 원피스와 아이들 첫 신발.

3,4 침대 밑 바퀴 서랍은 하나는 비워두고 하나는 아이들과 함께 물건을 정리해 스스로 관리할 수 있도록 정리해두었다.

5 가방을 좋아하는 2호를 위해 문걸이 행거를 이용해서 보이지 않는 공간에 가방을 정리해두었다..

6 아이들방은 아이들 스스로 결정하고 관리할 수 있도록 배려하는 공간이자 아이들의 기억속에 언제나 소중한 공간으로 기억되길 바란다.

# 깔끔하고 심플한 서재방

서재방은 답답해 보이지 않도록 통일감이 있는 가구를 배치했다. 책장에는 꼭 필요한 책과 서류들만 두고 모두 비움을 하고 가볍게 사용하고 있다. 깔끔함을 극대화시키기 위해 같은 재질과 같은 색감의 가구를 배치하고 화이트 색감의 박스로 디자인을 통일시켜 정돈되어 보이도록 하였다.

책장 맞은편 책상은 일을 하며 집중이 필요한 나에게 중요한 공간이다. 책상 위 허전한 벽면은 폼폼 가랜드를 걸어두고 책상은 최대한 깔끔하게 필요한 것만 올려두고 사용중이다. 서재방은 일을 할 때 많은 시간을 보내는 공간이라 필요한 책들과 자료만을 남기고 항상 가볍게 유지하고 싶다.

환경을 지키는 살림습관
6장

# 1. 쓰레기를 줄이는 친환경 살림 ♡

미니멀라이프를 시작하면서 자연스럽게 쓰레기에 대해 경각심을 가지게 되었다. 특히 주부는 매일 많은 쓰레기를 배출하기에 더욱 신경써야 한다. 나도 제로웨이스트를 완벽하게 하고 있지는 않지만 조금씩 내가 할 수 있는 만큼 소소하게 노력하고 있다. 잘하려고 욕심내다가 포기하는 것보다 내가 할 수 있는 만큼 조금씩 노력하는 게 중요하다고 생각한다. 현명한 구매로 쓰레기를 최대한 줄이고, 분리배출을 잘하면 된다. 배출할 때 라벨을 제거하고 세척하는 등 수고스럽더라도 작은 노력을 들이는 건 특별하고 멋진 일이다. 우리 아이들도 처음에는 씻어서 버리는 등 재활용을 귀찮아했지만 이젠 자연스럽게 하고 있다. 기특하고 예쁘다.

아이들도 어릴 때부터 환경에 대해 관심을 많이 가지고 실천하도록 어른들이 도와주어야 한다. 유치원때 우리 둘째는 북극곰이

아프다고 쓰레기를 조금만 버려야 한다고 이야기한 적이 있을 정
도로 자연스럽게 어릴 때부터 교육이 이루어지고 있어 다행이다.
큰아이 4학년 때는 컵라면을 먹자는 둘째에게 쓰레기가 많이 나
오니 끓여 먹는 봉지라면을 제안하는 모습에 감동을 받았다. 지금
도 첫째는 컵라면은 최대한 자제하고 있다.

요즘은 많이들 환경에 관심을 갖고 실천하고 있다. 나 하나쯤이야
하는 생각보다 나 하나라도 하는 변화에 힘입어 리사이클링 업체
들도 생기고 그런 제품들을 구입할 수 있는 곳도 늘어나고 있다.
관심을 가지면 환경을 생각한 친환경 제품을 쉽게 찾아볼 수 있
다.

우린 아이들에게 사랑한다고 말하고 표현하지만 아이들을 위해
미래의 환경을 생각하지 않는다. 나와 가족을 위한 작은 실천, 친
환경 살림을 어렵게 생각하지 않았으면 한다.

누구나 조금만 노력하면 쉽게 실천할 수 있는 방법 몇 가지를 소
개하려 한다. 우리가 실천하는 사소한 행동이 불러오는 가치는 결
코 사소하지 않다.

## 설거지 비누

우리가 매일 설거지하는 식기에는 보이지 않는 잔여 세제가 있다.
주방세제 양으로 환산했을 때 일 년에 소주 1~2컵 양이라고 한다.

우리는 우리도 모르
게 많은 양의 주방세
제를 먹고 있는 것이
다. 주방세제 뒷면 표
기사항을 자세히 살
펴보면 표준사용량이

적혀 있다. 보통은 수세미에 바로 펌핑해서 사용하는데 잘못된 방
법이고 물 1L에 주방세제 1.5mL를 희석해서 써야 한다고 한다.
주방 세제의 종류에 따라 그 양이 다르지만, 대부분 물 1리터에
1.5~2ml(보통 한 번 펌핑하면 나오는 양 약2~3g)가 표준사용량으
로 되어 있다. 물 1리터에 약 2g을 풀어서 쓰면 중간 크기 접시 10
장 정도 세척이 가능하고 설거지 양에 비례해서 물과 세제 양을
조절하면 된다고 한다. 세제 뒷면 주의사항에는 표준사용량 이상
으로 사용하지 말 것을 명시하고 있다.

나와 내 가족을 위해 안전하게 그리고 환경까지 생각하는 설거지
비누를 사용하길 권한다. 무엇보다 플라스틱 쓰레기를 만들지 않
고 장점들이 많다. 예전에는 주방세제에 비해 거품이 많이 나지
않는 단점과 미끌거림 때문에 사용을 꺼려하는 분들이 많았지만
거품이 많이 나고 설거지 후 특유의 미끌거림이 없는 설거지 비누
도 꽤 있다. 다양한 브랜드 중 자기에게 맞는 브랜드를 찾아서 사
용하길 권한다.

설거지 비누를 사용하는 것이 불편해 꼭 주방세제를 사용해야 한

다면 수세미나 접시에 직접 세제를 짜서 사용하지 말아야 한다. 설거지 잔류 세제와 환경오염 모두 막을 수 있게 설거지통에 물을 받아서 적정량만 풀어서 사용하자. 또한 물에 헹굼용 행주로 닦아 가며 헹구면 잔류 세제량이 절반으로 줄어든다고 한다. 안전하게 주방비누를 사용하면 좋겠지만 그럴 수 없을 때 확실하게 알고 사용하면 좋다.

## 천연 수세미&생분해 수세미 사용

가족의 건강을 위협하는 세균 덩어리가 될 수 있기에 특히 신경 써야 하는 것 중 하나가 수세미다. 설거지를 하며 항상 손에 맞닿는 수세미는 민감한 피부를 가진 이들에게는 큰 영향을 준다. 우리가 매일 주방에서 사용하는 수세미에도 미세플라스틱이 발생한다.

일반적으로 많이 사용하는 합성 소재의 수세미, 아크릴 수세미 사용시 수세미가 조금씩 마모되면서 육안으로 보이지 않는 미세 플라스틱 가루를 떨어뜨려 우리의 식기에 남아 있거나 하수구를 통해 하천으로 나가게 되니 각종 환경오염과 건강파괴의 주범이 된다.

친환경 수세미는 자연에서 유래한 성분으로 만들어져 미세 플라스틱 걱정이 없다. 천연 수세미뿐 아니라 안전하게 사용할 수 있는 생분해 수세미로 누구나 쉽게 친환경 살림을 할 수 있다. 내가 사용하는 몇 가지 친환경 수세미를 소개하려 한다.

## 루파 수세미

천연식물 루파 수세미는 수세미 열매 형태 그대로 모양을 가공하지 않고 통째로 판매가 되고 있다. 사용에 따라 적당한 크기로 잘라서 끈을 달아주거나 가공한 제품이다. 납작하게 눌러 가공한 제품으로 다소 뻣뻣한 질감이지만 물에 불려 놓으면 금세 부드러워진다. 루파 수세미는 내가 매일 사용하는 애정하는 살림템이다. 루파는 특유의 얼기설기 꼬인 스펀지 형태의 구조가 물과 세제를 빨아들여 그릇을 세척하고 거품이 풍성하게 나서 누구나 편하게 사용할 수 있다. 다양한 제품으로 가공되어 판매되는데 샤워타올, 목욕장갑, 세척솔 등 다양한 제품들도 나오고 있고 나는 수세미 그대로 샤워타올로 사용하고 있다.

단 수세미마다 두께가 다르고 빨리 마모도는 단점도 있다. 잘라 쓰는 루파는 사용자마다 만족도가 다르다. 나는 2중으로 박음질되어 판매되는 수세미를 사용중이다. 교체시기는 사용자에 따라 다르지

만 3~4개월에 한 번씩 교체해주는 것이 좋다.

## 삼베 수세미

삼베는 삼이라고 하는 대마의 줄기로 베를 짠 것인데, 대마는 재배 시 살충제와 독성 비료를 사용하지 않아도 될 정도로 자체 항균성이 있어 수세미로 쓰기 좋은 소재다. 삼베는 옛 선조들이 사용했던 섬유이며 옷감이나 수의로도 사용되는 소재로, 거친 촉감을 가졌지만 물에 닿으면 피부 자극 없이 부드럽게 사용할 수 있다. 친정엄마가 매일 사용하는 애정 살림템이다.

삼베는 세제를 묻혀도 거품이 나지 않는 단점이 있는데, 기름기를 잘 흡수해서 세제 없이 가벼운 기름기는 깨끗하게 세척할 수 있는 큰 장점이 있다. 삼베 수세미는 세제가 직접 닿으면 수세미가 빨리 닳기에 수세미에 직접 세제를 묻혀 사용하기보다 세제 푼 물에 설거지하는 것이 좋다고 한다.

삼베 수세미는 세제 잔류 걱정 없이 설거지를 할 수 있어서 마무리 설거지용으로도 많이 사용한다. 과일이나 채소 등 음식 재료 세척 시 삼베의 천연 항독 기능이 보다 위생적인 세척을 도와준다. 자연에서 분해되는 소재로 친환경적이므로 환경오염에 안심하고 버릴 수 있다. 새 제품은 소금으로 삶아서 사용하고 3개월 이상 사용하지 않는 것이 위생적이다.

### 생분해 수세미

생분해 수세미들은 친환경 수세미에 적응을 돗하는 분들을 위해 추천하고 싶은 수세미다. 자연 분해되어 환경에 이로운 생분해 수세미는 제품마다 조금씩 다르니 비교허보고 나에게 맞는 제품을 선택하길 바란다.

# 나무 칫솔

우리가 매일 사용하는 플라스틱 칫솔은 폐기 후 분해되는데 500년이라는 엄청난 시간이 걸린다. 쓰레기를 줄이기 위해서도 환경 면에서 위생 면에서 친환경적인 대나무 칫솔을 추천한다. 대나무는 성장 속도가 빠르고, 화학 비료 없이도 잘 크기에 생산부터 자원이 적게 들어가는 친환경 원료이다. 유해물질 없이 안전하

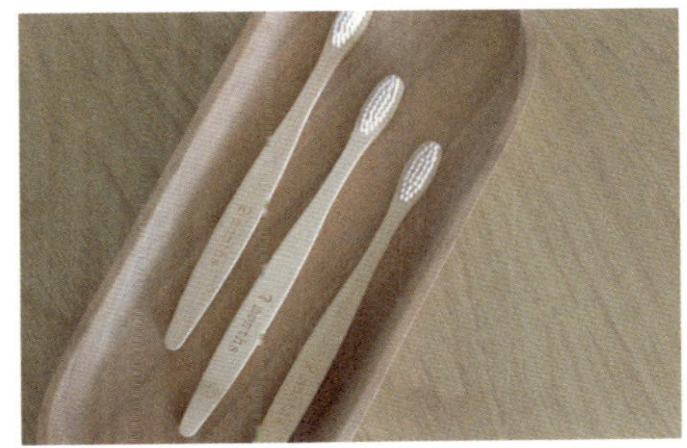

게 안심하고 사용할 수 있다는 게 제일 큰 장점이다. 플라스틱보다 대나무는 잘 썩고, 소각하는 경우라도 온실가스를 적게 배출한다.

단점은 플라스틱 칫솔에 적응이 되어 처음에는 어색하고 불편할 수 있고 선택폭이 적기에 맞는 제품을 잘 찾아야 한다. 아이들은 금방 적응했지만 신랑은 적응을 못해 몇 군데 브랜드를 갈아타며 찾아야 했다. 지금은 가족 모두 플라스틱 칫솔과 차이를 못 느낄 만큼 몇 년째 잘 사용하고 있다.

나무칫솔에 치명적 또 하나의 단점은 곰팡이다. 여름에 화장실 선반장에 보관했다가 사용하려고 보니 곰팡이가 핀 적이 있어서 지금은 화장실에 보관하지 않는다. 보관만 신경 쓰면 크게 문제될 것이 없다.


## 장바구니 활용

장바구니는 어색할 수 있지만 항상 가방에 넣고 다니며 언제든 사용할 수 있는 유용한 친환경 살림템이다. 장바구니의 사용은 봉투 값을 아낄 수 있고 불필요한 봉지 쓰레기를 만들지 않는다. 비닐 대신 장바구니 사용은 면 재

질의 경우 7000번, 유기농 면 재질의 경우 2만 번 이상 사용할 수 있다고 한다.

## 지퍼팩 대신 면주머니 사용하기

면주머니는 면생리대를 사용하면서 함께 구매해서 사용하고 있다. 내가 하지 않는 규칙 중에 하나가 '일회용 비닐 사용하지 않기'인데, 비닐 대신 면주머니를 자주 활용하고 있다. 비닐팩의 경우 일부러 사지는 않지만 있으면 재사용을 하여 쓰레기를 최소화한다.

지퍼팩 대신 면주머니
사용하는 소개영상

SCAN ME

## 용기내서 말하기 : "여기에 담아주세요"

일회용 용기는 잠깐 편리하지만 불필요
한 쓰레기와 불필요한 노동을 수반한
다. 일회용 용기는 씻어서 배출해야 하
는 번거로움도 따른다. 일회용 용기를
사용하는 게 꼭 편리한 것만은 아닌 것
이다.

시켜 먹는 음식이 아니면 고기를 구매
할 때도 음식을 포장할 때도 용기를 가져가서 포장해오려고 노력
한다. 환경호르몬 걱정 없고 쓰레기 배출에 따른 불필요한 노동이
들지 않는다.

처음에는 용기를 가져가 음식을 포장하는 것이 어색할 수 있다.
처음이 어렵지 몇 번 시도하면 아무렇지 않게 "여기에 담아주세
요" 말하게 된다.

자주 다니는 단골 가게는 알아서 담아주신다. 우리 식구들은 곱
창을 좋아하는데 곱창을 포장해오는 넉넉한 스테인리스 용기를
구매해서 사용한다. 요즘은 용기를 가져가서 포장해오는 분들도
꽤 많이 늘었다고 한다. 앞으로도 이런 선한 영향력이 선순환으로
이어지면 좋겠다.

# 용기내서 거절하기

최대한 일회용품을 줄이려고 노력하지간 제로 쓰레기를 만들 수 없다면 줄이기 위해 필요 없는 물건은 정중히 거절하는 것도 현명한 방법이다. 사용하지 않는 비닐봉지와 플라스틱 빨대, 일회용 소스, 일회용 나무젓가락, 일회용 수저와 포크, 물티슈 등 일회용품을 거절하는 것이다. 요즘은 배달할 때 요청사항에 "일회용 수저 포크 안 주셔도 돼요" 가 체크할 수 있게 되어 있다.

우리는 아직은 '거절'에 대한 인식과 생각이 부정적이다. 거절은 누구에게나 좋은 기억이 되지는 않지만 현명한 거절을 하는 것도 용기 있는 행동이다. 사용하지 않을 물건, 일회용품 등은 거절해 보는 것이다. 불필요한 에너지뿐 아니라 불필요한 시간과 노동이 절약되는 또 하나의 좋은 방법이다.

필요하지도 않고 미안해서 받아온 물건은 사용하지 않으면 처치 곤란 쓰레기가 되어버린다. 나에게는 쓰레기에 불과하지만 필요한 사람에게는 유용한 물건이 될 수도 있다. 필요한 사람에게 나눔할 기회, 진짜 주인을 찾아갈 수 있는 기회를 뺏지 말자. 사용하지 않는 물건을 예의 있게 거절하는 것도 상대를 위한 진짜 배려다.

알아두면 유용한 살림 아이디어들이 무척 많다. 나는 몇 년째 우유팩을 활용해서 양말을 수납하고 있다. 우유통은 흰색이라 보기에도 깔끔하고, 튼튼해서 한 번 만들어놓으면 오래 사용할 수 있다. 새로운 물건을 사기 전에 기존 물건의 재사용 방법 및 재활용품을 활용한 다양한 아이디어를 참고하길 바란다.

## 사기 전에 재사용 & 재활용 아이디어

### 플라스틱 껌통

플라스틱 껌통은 작은 물건을 수납하기 좋아서 이쑤시개나 면봉을 담아 사용중이다.

## 집게

많이 사용하는 집게는 여러 가지 용도로 사용할 수 있다. 컵걸이, 텀블러와 약병, 페트병 건조, 수세미 걸이 등 다양하게 활용할 수 있다.

다양한 집게 활용법 블로그

## 양파망

양파망은 철수세미 대용으로 사용하기 좋다. 철수세미가 없어도 양파망과 계란껍질을 넣어 철수세미를 만들어 사용하면 찌든 때도 문제없이 해결할 수 있다.

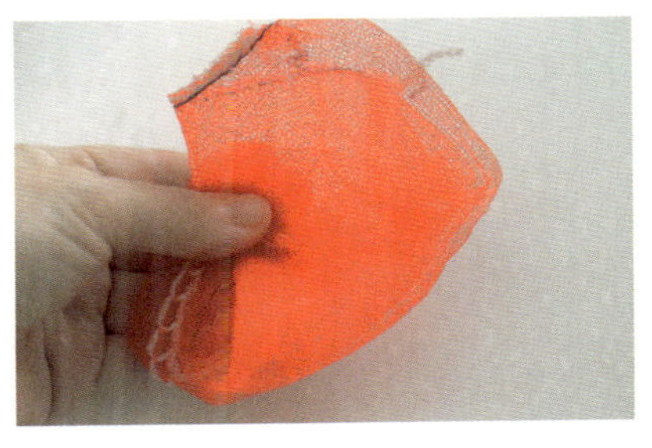

## 계란껍질과 계란판

계란껍질과 계란판은 다양하게 활용하기 좋은 재활용 살림템이다. 계란껍질은 텀블러와 유리병, 믹서기 등 세척뿐 아니라 행주 삶을 때도 화분 영양분으로 사용할 수 있다. 또한 계란판은 고구마나 양파 등을 보관하기 좋고 소스 지지대로도 활용할 수 있다.

## 얼음 트레이

버터와 베이컨은 두 가지 방법으로 보관할 수 있다. 베이컨은 얼음틀을 활용하거나 트레이에 하나씩 돌돌 말아서 보관하면 사용할 때 편하다. 또한 버터는 밧트 트레이를 활용하거나 잘라서 밧트에 하나씩 담아서 사용할 수 있다.

## 투명 용기

투명 용기 활용 두 가지 방법은 푸드 덮개와 회전 트레이로 사용 가능하다. 투명한 용기는 안이 잘 보여서 푸드 덮개로 사용하면 편리하다. 또한 일회용 용기에 바퀴만 붙여주면 회전 트레이로 사용가능하다.

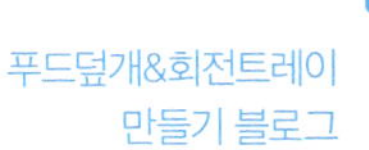

푸드덮개&회전트레이
만들기 블로그

## 두부 용기

일회용 용기로 자투리 공간을 활용한 틈새 수납장은 구매하지 않
아도 예쁘고 실용적이게 만들어 사용할 수 있다. 사진에서 위에는
포장용기 아래는 두부용기를 활용해서 틈새 수납장을 두 가지 방
법으로 만들어 사용중이다.

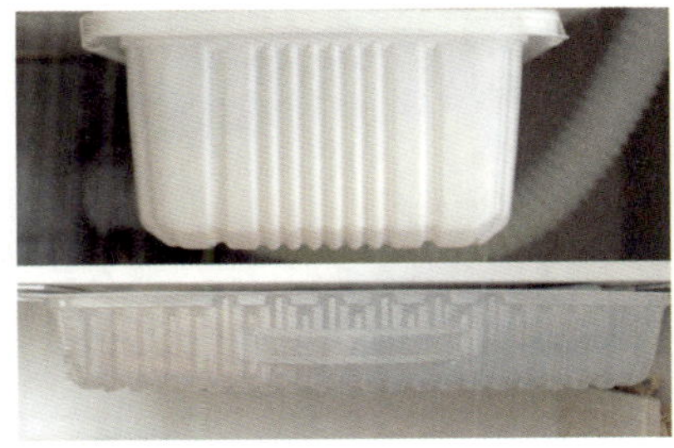

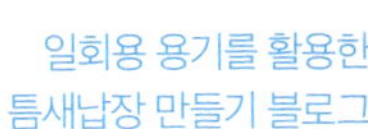

일회용 용기를 활용한
틈새납장 만들기 블로그

## 일회용 용기

일회용 용기는 냉장고 수납
함으로 사용하기도 좋다. 종
이가방 안에 일회용 용기를
넣으면 더욱 튼튼하게 활용

할 수 있다. 수납용기를 구매하지 않아도 튼튼하게 활용할 수 있고 많은 양도 담을 수 있어서 냉장고 과일 수납함으로 활용하고 있다.

### 우유팩과 우유통

우유팩과 우유통은 여러 가지로 활용 만점에 무엇보다 좋은 살림템 중 하나다. 우유팩은 블로 수납함, 우유팩 도마, 수납함, 우유팩 덮개, 기름병 홀더, 양말과 속옷 수납함 등 수납용기로 만들어 다양하게 활용하기 좋다. 우유통은 흰색이라 보기에도 깔끔하고 튼튼해서 한 번 만들어 오래 사용 가능하다.

### 햄뚜껑

햄뚜껑은 치약짜개로 활용 가능해서 치약짜개를 구매하지 않고도 충분히 불편함 없이 사용할 수 있다. 햄뚜껑에 피자에 함께 오는 삼발이를 붙여서 활용하면 계란 트레이로도 사용 가능하다. 뚜껑에 자석을 붙여 냉장고에 붙여 사용하고 있어 따로 계란 트레이를 구매하지 않아도 된다.

햄뚜껑 활용법 블로그

## 종이가방

종이가방은 접어서 수납함으로 사용 가능하지만 손잡이 끈을 이용해서 손잡이 바구니로 활용할 수 있다. 또한 옷장속에 옷이 섞이지 않게 가림막으로도 활용하면 편리하게 옷장을 관리할 수 있다.

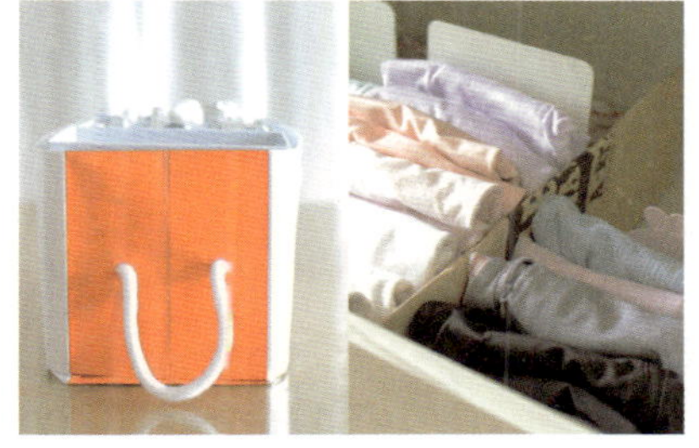

## 커피 트레이

버려지는 커피 트레이는 수납함, 보관함으로도 활용 가능하다. 위의 손잡이를 이용하면 칸막이 수납함도 만들어 활용할 수 있어서 튼튼함 보관함으로 사용할 수 있다.

### 종이상자

튼튼한 상자는 플라스틱 칸막이 수납함을 구매하지 않아도 수납상자로 사용하기 좋다. 상자를 잘라 상자 안에 넣어주면 칸막이로 수납함으로 튼튼하게 오랫동안 사용 가능하다.

종이가방 손잡이 보관함 &
커피트레이 보관함 &
상자 수납함 만들기 블로그

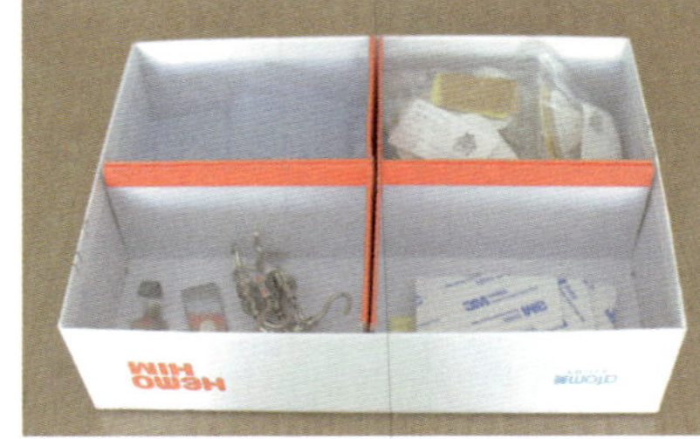

### 케이크 상자

언더선반을 구매하려다가 튼튼한 케이크 상자를 활용해서 잘 활용하고 있다. 무거운 물건만 아니면 케이크 상자는 씽크 언더 선반으로 활용하기 좋다.

### 요구르트병

빨래양이 많으면 가끔 빨래가 엉킬 때가 있다. 빨래 엉키는 것을 방지할 방법은 요구르트 용기를 몇 개 넣어주면 빨래 엉키는 것을

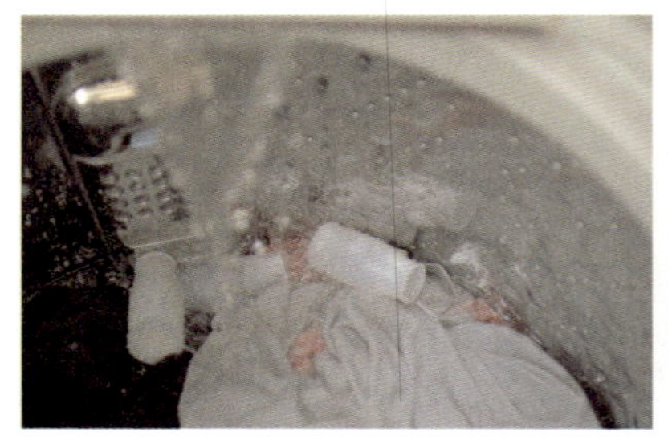

막을 수 있다. 빨래 양에 따라 요구르트 용기는 양을 조절해서 넣어주면 된다.

## 친환경 청소 아이디어

### 여름 날파리에는 소주

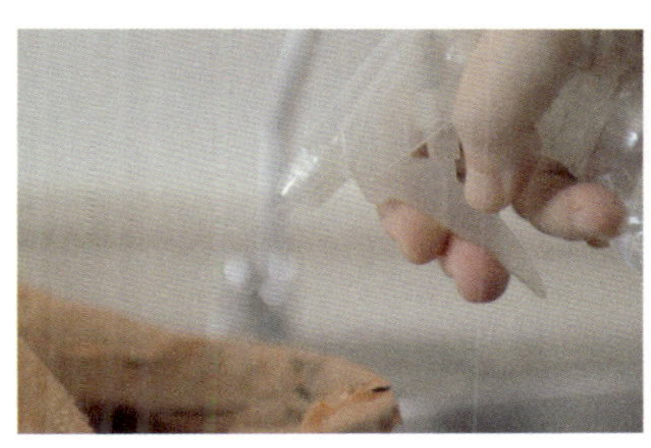

여름에는 순식간에 날파리가 꼬인다. 걱정을 날려버릴 쉬운 해결책이 있다! 먹다 남은 소주를 분무기에 담아 음식쓰레기통에 뿌려두면 날파리가 생기지 않는다. 음식물을 버릴 때마다 수시로 뿌려주면 날파리 걱정 뚝~!

### 레몬소주 청소세제

레몬껍질을 활용한 레몬소주 천연 세제는 기름때 제거에 만점이다. 오렌지, 귤껍질도 가능하다. 주방 씽크대나 냉장고 청소할 때 유용하다.

친환경 살림 천연세제
과일 껍질 활용 노하우

### 스티커 재활용

버려지는 제품 스티커는 청소 스티
커로 재활용해서 사용하면 머리카
락을 깨끗하게 청소할 수 있다.

### 양말 활용: 연마제 닦기, 주방 상판 닦기, 창틀 청소

안 신는 양말이나 짝을 잃은 상
태가 양호한 양말은 스테인리스
새 제품이나 연마제 닦을 때 사
용하면 많은 양의 키친타올을 줄
일 수 있다. 또한 많이 낡은 양말
은 창틀 청소 등 청소용으로 사

용 가능하고 주방 상판을 닦을 때도 유용하게 사용할 수 있다. 사
용한 양말들은 모두 종량제 봉투에 버리면 된다.

### 고무장갑 소독

자주 사용하는 고무장갑은 생각보다 많은 세균에 노출되어 있다.
고무장갑을 냄새 없이 깨끗하게 사용하고 싶다면 주기적으로 베
이킹소다로 소독해서 사용하면 된다.

고무장갑 소독
세척법 블로그

## 쌀뜨물 활용법

쌀을 씻을 때 나오는 쌀뜨물은 기름진 그릇 설거지할 때는 물론, 국 육수, 김치통 김치냄새 빼기 등 다양하게 활용할 수 있다.

쌀뜨물 활용법 블로그

## 극세사 양말: 바닥 먼지 제거

목이 늘어난 극세사 양말은 가구 틈새 먼지 제거에 활용하면 좋다. 극세사 재질이 먼지를 쉽게 청소할 수 있게 해준다.

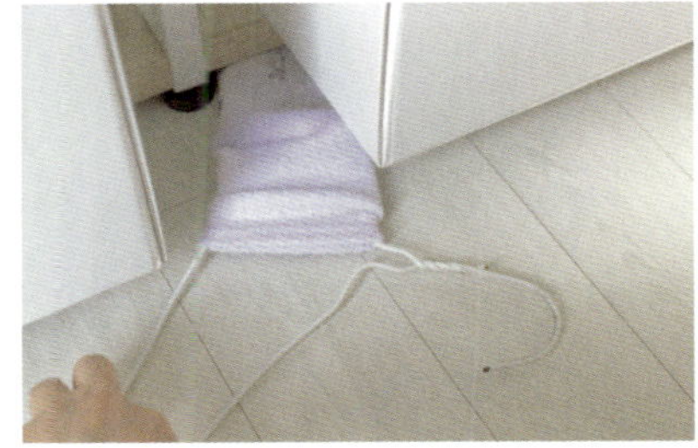

### 신문지 활용: 냉장고 매트 대신 가구 위 청소용

신문지는 손이 닿지 않는 가구 위
나 냉장고 위에 올려두면 청소할
때 신문지만 버리면 되니 청소걱
정을 날려버릴 수 있다.

### 박스를 활용한 가스렌지 가드

기름이 많이 튀는 요리를 할 때 박
스를 가스렌지 가드로 활용하면
청소걱정이 많이 줄어든다.

### 면행주

씽크대 선반 매트 대체품 면행주
(신문지)는 기스 걱정 뿐 아니라
청소까지 걱정 없이 사용할 수 있
다.

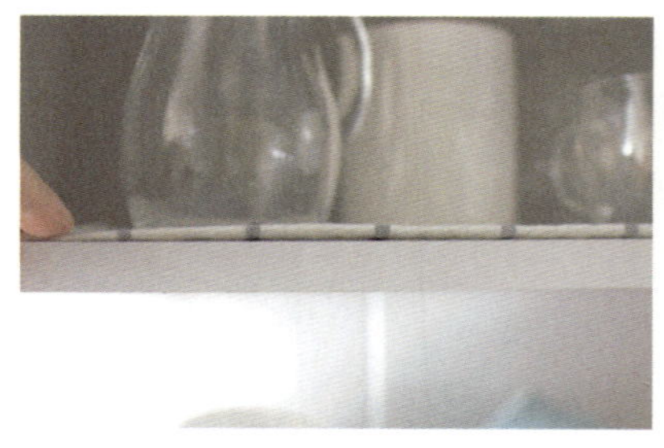

### 치킨무: 거울 얼룩이나 기름때 제거, 배수구 청소

치킨에 함께 오는 치킨무 국물은 거울 얼룩이나 배수구 청소, 가
스렌지 기름때 제거 등 다양하게 활용할 수 있다. 얼룩이 싹 지워

지는 이유는 설탕과 식초가 함유되어 있어서 산성분이 묵은 때를
녹여주고 설탕은 이물질을 흡착시키는 역할을 하기 때문이다.

치킨무 국물 활용 블로그 

평범한 주부의 감성을 함께 공감하고 나눌 수 있는 그런 책을 출간하고 싶은 마음이 시작이었다. 공간의 주인이 편하게 사용할 수 있어야 진짜 공간의 의미가 있듯, 살림도 하는 내가 편하고 행복해야 진짜 내 살림이다. 남과 비교하며 따라하지 않고, 무조건 유행을 쫓아가지 않는, 진정한 내 살림, '나'다운 살림을 만나는 시간이 되길 바래본다.

많은 분들이 자신에게 맞는 살림법을 찾아가는 데 있어 이 책이 그 길잡이가 되었으면 좋겠다. 앞으로도 살림디자이너 분들과 함께 성장하고 배우며 나누고 싶다.

마지막으로, 무엇보다 항상 나를 응원해주고 격려해주며 때론 쓴소리로 큰 자극을 주는 영원한 내편 동갑내기 남편과 사랑하는 아이들, 우리 가족에게 감사하다는 말을 꼭 전하고 싶다. 아울러 나에게 힘이 되는 뿜패밀리, 아낌없는 지지와 에너지를 주시는 많은 분들과 함께 출판을 도와주신 박대호 대표님과 송현옥 대표님, 책이 나올 수 있게 도와주신 모든 분들에게 감사의 말을 전합니다.

가정경영전문가 감성살림디자이너 트윙폼 ♡